更幸福

如何让你的猫

〔日〕服部幸 著

史诗 译

南海出版公司

前　言

　　想和猫咪快乐生活，想让猫咪感到幸福，这是所有主人的心愿。想实现这样的愿望，有些事情必须要了解。

　　人们总说猫咪是反复无常的动物，那种神秘色彩正是它们的魅力所在。猫咪自由奔放，按照自己的节奏生活，确实会让人产生这样的感觉。但它们会通过各种各样的举止清楚地表达自己的心情。即使是看起来不可思议的举动，也有其理由。如果能读懂这些举动，你就会发现猫咪其实是一种感情非常丰富的动物，感受到猫咪的全新魅力。

　　近年来，考虑到猫咪的安全，也为了减少它们对邻居的打扰，都在鼓励猫咪养育的完全室内化。为了让猫咪在没有压力的环境下安心生活，我们需要努力配合猫咪的习性。

新经典文化股份有限公司
www.readinglife.com
出　品

猫咪的寿命正在逐年延长，如今活过 20 岁的猫咪不再罕见。为了让猫咪健康快乐，恰当的饮食、健康管理，以及疾病的早期发现都是不可或缺的。主人为猫咪提供良好的饮食，让猫咪在生病时接受悉心治疗，这样的爱让猫咪越来越长寿。

想和猫咪快乐生活，想让猫咪感到幸福。多了解关于猫咪的事情，就一定能实现这样的心愿。本书将以"解读猫咪的心情""创造舒适的生活环境"和"适当的健康管理"为中心，为大家进行说明。

如果本书能为猫咪和每一位爱猫人提供哪怕些许帮助，都是笔者的荣幸。

了解猫咪心情的10个约定

1　请了解猫咪身体的秘密

 我们发达的听觉甚至能听到草坪上蚂蚁的脚步声（见第16页），也很擅长从高空跳下时安全落地（见第70页），但是请注意，我们也有很多弱点哦（见第12～24页）。

2　请观察猫咪想要传达给人类的心情

 我们猫咪可以通过叫声、表情和动作来表现丰富的感情哦（见第38～64页）。

3　人类喜欢的气味和食物中有的就是猫咪的毒药

 在香气和植物等人类理所当然可以接触的东西中，有些事关我们猫咪的性命（见第20页、124页）。

4　请仔细观察猫咪的日常动作

 如果没完没了地舔舐身体或在意关节部位，也有可能是生病的征兆（见第22页、46页）。请仔细观察我们猫咪平时的样子，奇怪的时候就带我们去医院哦。

5　在家里做记号也请不要生气

 磨爪子呀、喷尿呀，做记号是不可避免的。要给我们做绝育或避孕手术，或在家具上设置猫抓板哦。（见第64页、96页、98页、134页）

6　请在房间中创造高高在上的空间和狭窄的空间

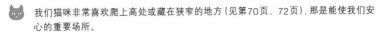 我们猫咪非常喜欢爬上高处或藏在狭窄的地方（见第70页、72页），那是能使我们安心的重要场所。

7　请考虑猫咪出门的危险

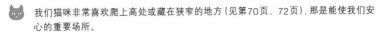 我们猫咪喜欢从窗户眺望外面，但并不等于我们想出去（见第84页）。与经常外出的猫咪相比，在家中生活的猫咪能和你多相处3年哦（见第144页）。

8　请通过日常照顾预防受伤和疾病

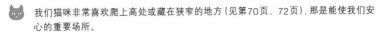 刷毛（见第88页）、刷牙（见第90页）和剪指甲（见第92页）都是不可缺少的哦，否则就会成为受伤和疾病的源头。

9　请和猫咪玩耍到它满足为止

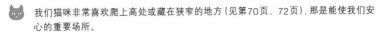 室内饲养的猫咪总会运动不足，每天拿出一点时间就行，要和我们猫咪一起玩哦（见第108页）。

10　尽可能存钱以防万一

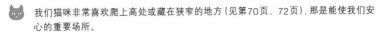 我们猫咪的一生大约要花费130万日元^①。一点点来就好，请为我们存钱吧（见第148页）。

① 1万日元约合人民币600元。

目　录

第 3 章　日常照顾让猫咪更健康

第 4 章　猫咪愿意接受的身体接触

第 5 章　舒适猫咪居所的解剖图鉴

第 6 章 关于猫咪的实用数据

第 1 章

猫咪身体的秘密

猫咪的身体　**美丽眼睛中的秘密**

猫咪是视力很差的动物

猫咪可以迅速捕捉到移动的事物，但它们的视力出人意料地差，只有 0.2 ~ 0.3，因为比起"动态视力"，猫咪并不是很需要观察静态物体的"静态视力"。

猫咪通常在黎明和日落后活动，过去曾被认为是夜行动物，因而才拥有能够适应暗处的眼睛。为了发现猎物和敌人，它们具备了出众的动态视力和广阔的视野。

此外，猫咪的瞳孔最大可以达到人类的 3 倍，感光度则有人类的 6 倍以上，即使在黑暗中也能迅速对动的物体做出反应。

猫咪的眼睛之所以能在黑暗中闪闪发光，是因为拥有人类不具备的、名为"照膜"的反光层，聚光效果比人类的眼睛强40%。

看到啦，看到啦！

1

有时会注意不到静止的事物

静态视力较差，有时会对静止事物毫无反应。开阔的视野、极高的感光度和出色的听觉弥补了视力上的不足。

呆

满心焦急

无法识别红色

猫咪可以识别蓝色和黄色，但无法识别红色，据说红色在猫咪眼中是黑乎乎的。

心中无物……

2

喵！

随光线和感情而变化的瞳孔

猫咪的瞳孔之所以在明亮的地方会缩小，是为了聚拢进入眼睛里的光，保护视网膜。在昏暗的地方，猫咪的瞳孔就会放大，以提高感光度。兴奋或恐惧时，猫咪的瞳孔也会放大。

眼睛表达感情

瞳孔可以展现出猫咪的感情。胡子和耳朵也和瞳孔一样，会在放松或兴奋时出现变化。

3

宝石般的"幼猫蓝"眼睛

刚出生的幼猫眼睛都是蓝色的，但三个月后会因色素出现而变成绿色或黄色。暹罗猫和喜马拉雅猫等品种成年后也会保持蓝眼睛。蓝色眼睛的猫咪拥有特殊遗传基因——体温高的部位无法产生色素。

身体前端呈黑色，眼睛呈蓝色

暹罗猫和喜马拉雅猫等的耳朵、鼻子、爪子和尾巴的颜色比身体其他部位深，是因为身体端部体温低，可以产生色素。这样的毛色被称为重点色（pointed）。而它们的眼睛体温较高，无法产生色素。与此现象相关的遗传基因称作"温度感受性遗传基因（temperature-sensitive alleles）"。

眼睛异常透露的身体不适

眼睛无法开合是疾病的信号

如果猫咪频繁眨眼，或者因眼睑肿胀而无法睁眼，这样的异常情况很可能与疾病有关。

猫咪的眼角膜表面感觉迟钝，即使进了脏东西也不太能察觉。眨眼的频率之所以低到好几分钟一次，也是因为感觉迟钝。

但是，猫咪的眼睛周围很容易出现意想不到的问题。除了眼睑，其内侧的瞬膜也可能出现异常。如果发现猫咪眼泪或眼屎不断，就要立刻送往医院。

眼睛异常很有可能是生病的征兆，每天都要检查猫咪眨眼的次数和眼泪的状态。

1

出现眼屎和眼泪

如果猫咪的眼屎呈黄绿色或白色，有可能是细菌感染。如果流泪不止，则可能是角膜等处受到了损伤。可以给猫咪佩戴伊丽莎白圈，防止猫咪触碰眼部，但第一次佩戴的猫咪有可能因为厌恶而恐慌。佩戴伊丽莎白圈时，需要和颈部之间留有一指宽的富余。

揉
啊
揉

流眼泪了。

鼻子较低的猫咪
波斯猫等鼻子较低的品种泪管狭窄，很容易流眼泪，最好经常为它们擦拭。

别按啊……

如果没精神就看看眼白
如果出现黄疸，猫咪的身体就一定有问题。

2

眼白发黄

眼白处出现黄疸是肝脏疾病的症状。猫咪的眼白平时很难看见，要养成翻起眼皮检查的习惯。

3

瞬膜突出

瞬膜是眼睑内侧保护眼睛的膜，在眼睑闭合时起作用，会从内眼角向外眼角展开覆盖眼睛。如果平时瞬膜突出在外，则有可能生病了。

要注意哦。

瞬膜

看起来像眼白的东西
瞳孔周围能看到的部分不是眼白，而是虹膜。

还要注意瞳孔的大小
除了眼白和瞬膜的异常，还要注意瞳孔的大小。如果左右眼瞳孔大小不同，猫咪可能已经生病。

猫咪的身体 # 耳听八方

五感中最敏感的听觉

猫咪的听觉在五感中极其出色，比人类和犬类更加灵敏，尤其擅长捕捉高音域。

即使猎物在黑暗中活动，猫咪发达的听觉也能迅速察觉，据说连蚂蚁在草坪上爬行的声音都能听见。擅长捕捉高音域的理由众说纷纭，但似乎与猫咪的主要猎物——老鼠的叫声音调较高有关。就算猫咪在主人呼唤时毫无反应，其实也是听见了的。但是必须注意，老猫的听觉的确会衰退。

为了能在黑暗中捕捉猎物，猫咪的听觉是五感中最发达的，只不过会随着年龄增长而衰退。

1

**依赖程度从高到低：
耳朵→鼻子→眼睛**

耳朵是猫咪最发达的感觉器官，其次是鼻子和眼睛，这是为了能在昏暗的环境中生活而进化出的结果。

就靠它们哦.

猫咪的迎接

主人回家时，很多猫咪都会端坐在玄关处迎接。猫咪是在听到脚步声或车的声音后抢先来到玄关的。

2

难以听到低音

猫咪的听力范围为 40 ~ 65000 赫兹，人类为 20 ~ 20000 赫兹。与人类相比，猫咪更擅长获取高音，相应地也更不容易听到低音。

说什么呢?

猫咪更容易亲近女性?

人类一般用 200 ~ 2000 赫兹的音调说话。比起男性的低音，猫咪更喜欢女性的高音，因此也有猫咪更容易亲近女性的说法。

3

能听到人类听不见的声音

猫咪有时会长时间盯着什么也没有的地方，可能是它们感知到了人类无法听见的虫子活动发出的声音或小动物的脚步声。

喔喔!

反应迟钝意味着耳部老化或疾病

猫咪有时会在人们呼唤时装作听不见。它们和人类一样，不想回应的时候就不会回应。但如果总是"装作"听不见，那有可能是耳部老化或生病所致。人们很难准确掌握猫咪的听力，但如果猫咪对雷声或锅掉落地面的声音等巨大声响也毫无反应，可能是已经丧失听力了。

猫咪的身体 **嗅觉灵敏**

嗅觉灵敏度介于人类和狗之间

　　猫咪嗅觉的发达程度仅次于听觉，灵敏度介于人类和狗之间。

　　嗅觉的灵敏度取决于鼻黏膜上"嗅觉感受器"的数量。人类有 1000 万个嗅觉感受器，猫咪有 6500 万个。警犬中常见的德国牧羊犬有 2 亿个嗅觉感受器，无人能敌。鼻子位置较低的猫咪鼻腔狭窄，嗅觉相对逊色。除了寻找猎物，嗅觉还用来区分食物和外敌，是单独生活的猫咪必备的能力。

猫咪嗅觉的灵敏度仅次于听觉，它们会用鼻子判断猎物、食物以及外敌。嗅觉也与食欲有关，有的猫咪会因加热过的食物而食欲大增。

人类 ＜ 猫 ＜ 狗

1
触碰鼻子是猫咪的致意方式

用鼻尖触碰对方是猫咪打招呼的方式，当人的手指靠近时，可以看到猫咪的如此举动。手指比手掌的压迫感小，更受猫咪喜爱。

闻闻……

友好的证明
用鼻子触碰相当于两只关系亲密的猫见面时互蹭鼻子打招呼，是猫咪接受此人的表现。

嗅球

脑

↑ 气味分子

↖ 鼻腔

闻闻

猫咪鼻子大揭秘!

2
猫咪的鼻部结构

进入鼻腔的气味分子被嗅觉细胞感知，通过电波向脑部传递信息。猫咪会记住以主人为代表的多种气味。

人类鼻部有而猫咪没有的东西
鼻毛相当于过滤器，能阻止灰尘进入鼻腔深处，但猫咪没有鼻毛。不知道为什么。

3
喜爱薄荷，讨厌橘类

许多猫咪都喜欢人类使用的薄荷味牙膏，却对同样清爽的橘类不感兴趣。当然猫咪间也有个体差异。

好羡慕.

薄荷

木天蓼

木天蓼的气味
木天蓼的气味是猫咪喜欢的气味之一，少量木天蓼就可以帮助猫咪减轻压力，增加食欲，但大量使用可能引起呼吸困难。

猫咪的身体 ## 鼻子湿润是理所当然的？

打喷嚏、流鼻涕可能是猫咪感冒了

　　健康猫咪的鼻子会适度湿润。气味分子容易附着在湿润的东西上，鼻子湿润表明猫咪收集了很多气味信息。

　　猫咪通过分泌少量鼻涕和穿过毛细血管的唾液，来保持鼻子的适度湿润。不过，如果鼻涕多到挂在鼻子下方，可能是患上了病毒性上呼吸道感染。如果流鼻血，有可能是肿瘤，应该立刻送到动物医院就诊，将鼻涕或鼻血的量、流出时间、颜色和性状等告知兽医。

如果猫咪长时间流鼻涕，就需要接受细致检查。
勤擦拭、早就诊很重要。

水分不足.

1

除了刚睡醒时，注意鼻部干燥

猫咪的鼻子平时总是湿湿的，但睡觉和刚起床时十分干燥。如果在清醒时很干燥，有可能是脱水。主人需要改变水的温度或添加味道，让猫咪多喝水。

干燥与嗅觉

空气干燥是猫咪鼻部干燥的原因之一。如果空气干燥，鼻黏膜就会变干，导致局部免疫力低下，容易患感冒，因此加湿器是冬季必备用品。

快收起来.

精油的危险性

制造 1 毫升精油需要大量植物。猫咪一旦舔舐了 1 毫升精油，就相当于吃进了大量植物，情况严重时会导致死亡。

2

人类的香气却是猫咪的剧毒

植物性精油对猫咪可能是剧毒，不能放在猫咪能够接触到的地方。附着在毛发上的气味分子会在猫咪清理毛发（grooming）时进入体内，给不擅长代谢植物的猫咪带来危害。

3

不要在猫咪附近吸烟

与吸烟者同住的猫咪患恶性淋巴肿瘤的概率是与非吸烟者同住的猫咪的 3 倍。除了吸入副流烟，猫咪还会在清理毛发时将附着其上的有害物质舔入口中。主人要尽可能禁烟，如果很难，至少不要在猫咪身旁吸烟，也不要在猫咪生活的房间里使用线香或熏香。

请设定禁烟区域哦.

淋巴肿瘤的危险

恶性淋巴肿瘤是猫咪的常见病之一，研究表明主人吸烟会导致猫咪患病的概率增加。

舌头不仅用来尝味道

猫咪的舔舐是爱的表现

关系亲密的猫咪会相互清洁毛发，主要是为对方舔舐舌头够不到的脸部。舔舐主人手部或脸部是猫咪满怀爱意的表现。如果猫咪一个劲儿地舔舐自己的身体，有可能是因为瘙痒或疼痛，最好赶紧确认相应部位的情况。

猫咪的舌头也是味觉器官，为了避开毒物，它们对苦味非常敏感，但也可以感受到美味。不过，它们并不擅长感知咸味和甜味。

猫咪的舌头身兼多职，可以向主人表达爱意，
吃饭、饮水和清洁毛发也少不了舌头。有时，
舔舐的举动会反映出身体的异常。

因为我不会说我爱你嘛。

1

充当梳子或锉刀的猫舌

猫咪的舌头上有小刺一样的凸起，清洁毛发时可以充当梳子，吃饭时可以充当削肉的锉刀。

嚓啦 嚓啦 嚓啦

舌头粗糙的真相

被猫咪舔时，人们总会觉得又疼又痒，很粗糙。这是因为猫咪的舌头上分布着被称为"丝状乳头"的凸起。

2

喝水时同样作用明显

猫咪会将舌头弯成反向的J形，迅速卷起舌头，将瞬间形成的水柱吞入口中，这是利用重力和惯性的出色技巧。

别老盯着看嘛.

饮水方法各有所好

将舌头弯成反向的J形喝水多见于使用容器的情况。猫咪的饮水喜好各有不同，有的喜欢直接对着水龙头喝水。

3

高频舔舐时要特别注意

如果猫咪不断舔舐同一个地方，最好拨开毛发确认一下，也许是刺入了异物。还可能是皮肤病或者精神问题，最好送到医院检查，找出原因。

观察要点

观察舔舐的部位或皮肤上是否有湿疹或发红，猫咪的走路方式是否有变化、上厕所的次数是否增加，并告诉兽医。

一旦开始在意就停不下来.

猫咪的身体 # 气派胡子的卓越功能

遍布全身的胡子

胡子是猫咪在黑暗中活动时必不可少的，相当于触觉，与听觉同样重要。

此处的胡子泛指又长又硬的毛发，长在猫咪的嘴部四周、脸颊、眼睛上方和前爪腕部内侧。胡子根部有大量神经，可以感知空气中的微小震动，并迅速将信息传递到脑部。即使只有 0.1 毫米的晃动，胡子前端也能清楚感觉，是性能卓越的传感器。

猫咪脸部的胡子前端连成了一个圆，其大小决定了猫咪能够通过的范围。

猫咪的胡子是知觉神经丰富的高性能传感器，
刚生下来的小猫就是用胡子感知和寻找母亲的
乳房。

能行!

1

胡子也因心情而动

与尾巴（见第 54 页）一样，猫咪的胡子也因心情而动。如果猫咪对对方感兴趣，胡子会向前，若感到恐惧，胡子会向后。判断能否通过狭窄的地方时，猫咪会微微伸出脸，用胡子测量。

锁定……

胡子与情感

猫咪愤怒时，胡子会朝向前方。感到放松或满足时，胡子会自然下垂。

2

脱落后再长

猫咪的胡子会定期脱落，然后再长，具体周期有个体差异。

了不起的猫胡子

胡子的英文是"whiskers"，惯用语"the cat's whiskers"指"非常棒的事"。市面上可以买到保存猫咪脱落胡子的盒子。

3

拔胡子是很疼的

猫咪的胡子自然脱落时不疼，但被拔掉时就会很疼。胡子是承担猫咪触觉功能的重要传感器，一定要多加保护。

胡子比其他毛发更粗

覆盖身体的毛发直径为 0.04～0.08 毫米，而胡子的直径通常达 0.3 毫米左右。胡子的具体直径因猫咪品种和个体差异而不同，但总体来说是身体毛发的 3～6 倍。

重要的猫胡子

猫咪的胡子埋在皮肤中的深度是其他毛发的 3 倍。过去有说法认为，拔了猫胡子，猫咪就会抓不到老鼠。胡子确实是重要传感器。猫咪只能自主控制嘴边的胡子。

要是敢拔毛，我可饶不了你哦

培养好身体 # 健康的身体从饮食开始

一次吃不完,"少食多餐"也没问题

　　不要拘泥于一天的喂食次数。放好食物后,有的猫咪会一次吃光,有的猫咪会"少食多餐",一点点吃完。无论哪种吃法,只要能保证每天的摄取量就没问题。

　　如果看到食碗空了就不断追加,有可能投放过多,导致猫咪摄取量过剩。肥胖"有百害而无一利",这一点对人类和猫咪都一样。

选择"综合营养餐"等猫粮,保证每天的
摄取量。

想吃的时候
就应该吃.

1

干燥型猫粮和足量饮水即可

营养失衡或不足都会导致疾病。猫粮大致可以分为干燥型和湿润型，干燥型更易保存，可以长时间放在餐具中。

请给我准备好吃的哦。

常备新水

湿润型猫粮的含水量为 75% ～ 80%，干燥型猫粮只有 5% ～ 10%，需要常备新鲜干净的水。

吃完了再刷哦。

2

湿润型猫粮的注意事项

食用湿润型猫粮的猫咪容易积累牙垢，需要刷牙。此外，与干燥型猫粮相比，湿润型猫粮的价格更高，夏天也更容易腐坏。

主食为综合营养餐

猫粮分为"综合营养餐"和"普通餐"，后者的营养不如前者全面、均衡。很多湿润型猫粮都属于普通餐，主食需要选择综合营养餐。

3

喂食要结合生长需求

幼猫、成猫和老猫需要的营养各不相同，市面上出售的猫粮也根据猫咪的年龄阶段作了区分，种类繁多，要选择符合猫咪生长需求的猫粮。

幼猫 成猫 老猫

必要的营养元素有所变化

年龄增长、身体变化，猫咪需要的营养元素有所不同。为了防止营养不良、肥胖和疾病，要根据猫咪的年龄阶段调整饮食（见第 156 页）。

4
根据体重计算食量

猫粮包装上通常印有 1 天的必要摄取量，提前确认，结合猫咪的体重计算食量、喂食。

再来点儿吧~

决定热量的三要素

必要的热量由体重、年龄和体格 3 个要素决定。计算 1 天所需热量的公式非常复杂，可以参照包装上的说明。

5
根据运动量调整

不同的猫咪运动量不同，喂食等量食物，运动量少的猫咪会变胖，因此需要结合运动量调整食量。

根据体格和活动量减少食量

猫粮包装上标记的食量仅供参考，如果猫咪按照说明进餐后发胖，需要减少 10% ~ 20% 的量。

6
资金宽裕可以选择高级猫粮

便宜的猫粮和昂贵的高级猫粮在品质管理、原材料成本和营养均衡等方面都有所不同。高级猫粮价格较高，但如果负担得起，还是尽量给猫咪提供更好的东西。

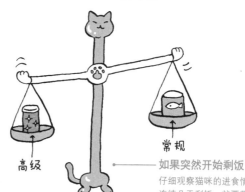

高级

常规

如果突然开始剩饭

仔细观察猫咪的进食情况，如果连续几天剩饭，就要带到动物医院就诊。猫咪的舌头非常敏感，如果不想吃东西，有可能是添加物的种类增加或猫粮产地(工厂)发生了变化。

培养好身体 # 让猫咪愉快地用餐

餐具远离厕所

　　猫咪爱干净，用餐和排泄的地方要隔开。此外，猫咪不会同时吃饭、喝水，所以餐具和饮水用具不一定要放在一起。

　　人们已经了解到猫咪能感知的味道（见第 22 页），但仍然不太清楚它们的喜好，以及年龄增长可能带来的变化。即使猫咪已经厌倦了平日的食物，但有时只要撒一点猫咪专用的拌饭料①，或将煮好的鸡胸肉撕碎混入其中，就能解决问题。

结合猫咪的习性在用餐上下功夫，猫咪会很有满足感。

真是缺根筋！

①用鲣鱼干和小鱼干等制作而成。

培养好身体 # 让猫咪开心饮水

自来水和矿泉水都可以

和吃饭一样，喝水对猫咪的健康也至关重要。猫咪对水的喜好各有不同，可以给猫咪尝试冷水、温水、净化过的水、自来水等，寻找猫咪的偏好。有人认为不能给猫咪喝矿泉水，因为硬水可能会导致猫咪患上尿道结石。

想让猫咪足量饮水，关键是要了解猫咪的
喜好，并准备新鲜的水。

1

选择开口较大的饮水器并经常清洁

猫咪喜欢新鲜的水。水量减少时不要只添水，而是每次都要清洗饮水器，保持干净。有的猫咪不喜欢胡子碰到饮水器，要准备开口较大的器皿。

放在远离厕所的地方

猫咪的嗅觉非常灵敏，如果饮水器离厕所太近，有的猫咪会因为在意气味而拒绝喝水。

可以喝！

要特别对待哦。

猫咪与餐具的数量

猫咪不喜欢和其他猫狗共用餐具。

2

在多个地方准备水

猫咪不会固定在一个地方喝水，最好准备多个饮水器。如果养了几只猫，不能设置公共饮水器，必须为每只猫咪单独准备。

3

饮水量的变化与疾病相关

如果每千克体重对应的饮水量达到50毫升以上，这是疾病的征兆。主人最好记住猫咪平时的饮水量。相反，如果饮水过少，除了会引发膀胱炎，还会形成尿道结石。多尝试，找到猫咪喜欢喝的水。

老猫饮水太多，可能得了肾病

如果老猫过量饮水，可能得了肾病。甲亢和糖尿病也会表现为频繁饮水（见第153页）。

培养好身体 # 排便至少1天1次

偷偷观察，不要对视

　　从猫咪上厕所的样子和排泄物的状态可以获取很多信息。猫咪通常会挖开猫砂排泄，然后用猫砂盖住排泄物再离开。如果对厕所的位置和猫砂盆不满，有的猫咪会一直忍住，不排便。

　　了解排泄物平时的样子十分重要，每天都要仔细观察粪便的硬度、颜色、形状和气味，以及排便次数，一旦反常就要前往动物医院就诊。

　　　通过排便的样子可以了解猫咪是否喜欢厕所，检查排泄物可以了解猫咪的健康状况，要仔细观察。

来吧，
拉个痛快！

1

了解猫咪对厕所不满的信号

如果猫咪不用猫砂掩埋排泄物，或者不怎么掩埋就立刻出来，去别的地方抓挠，表明猫咪不喜欢厕所。

我可不是在擦手.

当猫咪如厕后抓挠墙壁

乍一看就像在擦手，十分讲究，其实是对厕所不满意的表现，可以尝试改变厕所的大小、猫砂的种类或用量。

2

排泄后立刻清洁

猫咪喜欢干净，对气味非常敏感。如果猫砂盆很脏，猫咪会不想进去，待猫咪排泄后一定要立刻打扫。

我就喜欢干净.

定期清洁猫砂盆

每 2 ~ 4 周将猫砂全部更换一次，最好同时清洁猫砂盆。猫咪不喜欢柑橘类清洗剂的气味，最好用其他类型的。

3

连续 3 天便秘就要引起注意

猫咪正常的粪便呈牛奶巧克力色，硬度适中，排便频率基本为 1 天 1 ~ 2 次。除了粪便稀软和拉肚子之外，还要注意连续便秘 3 天以上的情况。如果尿液中有血或者出现肝功能不全导致的橘色尿，要立即前往医院。

通过画"の"字形按摩促进排便

1 天排便 1 次无须担心。如果持续便秘，可以画"の"字形用指肚按摩猫咪的腹部。

培养好身体　**爱睡觉才能茁壮成长**

猫咪每天要睡16 ～ 17个小时

　　与人类相比，猫咪的睡眠时间很长。据说为了保存体力，猫咪原本就是用睡觉来度过捕猎以外的时间，这一习性延续至今。

　　即使在家中睡觉，猫咪也会选择自己喜爱的地方。比起低处，它们更喜欢能够保护自己、让自己感到安心的高处等地方，这是受本能驱使。随着气候和季节的变化，猫咪喜欢的地方也会改变，最好多给猫咪准备几处舒适的睡觉场所。

最好在高处和狭窄的地方都放置猫窝。如果猫咪的睡眠时间等发生变化，要格外留意。

1

夜间运动会的理由

野生的猫咪为了不被猎物发现，会在天色昏暗时捕猎。猫咪在夜晚关灯后开始活跃，因为黑暗让它们误认为到了捕猎时间。

练习捕猎

练习捕猎是猫咪玩耍的一部分。如果养了几只猫，关系较好的猫咪看起来就像在玩捉迷藏。

真精神啊.

预备——跑!

2

我想自由活动.

开空调时打开房门，营造舒适的睡眠环境

夏天，很多猫咪都不喜欢被空调的冷风对着吹，为了让猫咪在醒来后能移动到没有空调的房间，最好事先打开房门。

寻求栖身之处

猫咪虽然养在室内，但不可能一动不动。它会在家中到处转悠，寻找睡觉和喜爱的场所。

3

鼾声比平时更大，可能是鼻癌所致

猫咪也会打鼾，但如果鼾声越来越大，要引起注意，可能患上了鼻癌，猫咪的鼻子容易产生恶性肿瘤。

注意睡姿

没有特定的危险睡姿，但如果睡姿与平时不同就要注意，有可能是关节疼痛引起的。

邂逅猫咪的方法

饲养猫咪前，最好先决定想要饲养的猫咪性别和品种，然后在考察猫咪性格（见第107页）和易患疾病（见第150页）等事项的基础上选择，以便迎来适合自己家庭的猫咪。在日本，获得猫咪的主要途径有转让会、专业育猫人和宠物商店。

转让会以各地自治体和动物保护团体救助的猫咪为主，幼猫和成猫，杂种和纯种都有。有的猫咪在转让前已经完成了健康检查，有的猫咪健康状况有待检查。

专业育猫人会培养特定的纯种猫，适合已经确定要养育某种猫咪的人。不同的纯种猫有各自的易患疾病，最好向育猫人确认猫咪是否有遗传病，或者在领养后带到动物医院检查。

宠物商店里的猫咪一般都是由专业育猫人喂养到一定程度的纯种幼猫，可以通过观察、抚摸等方式从若干品种中选择。

此外，还可以收养流浪猫或接受熟人的转让。一旦养了猫，主人的养育方式将对猫咪的性格和健康产生巨大的影响。如果准备迎接猫咪，那就给它们提供合适的饮食与环境，建立良好的关系吧。

第 2 章

从行为举止解读
猫咪的心情

猫咪的行为　**通过叫声理解感情**

根据叫声和状况判断

　　幼猫叫往往是在告诉妈妈它的位置或求助，而猫咪之间一般在打架、恐吓或发情时依靠叫声交流。与人类共同生活的猫咪也会通过各种各样的叫声来传达"心情"。这时，叫声就成了猫咪和人交流的工具。

　　为了准确理解猫咪的心情，人们需要在叫声的基础上，结合猫咪的表情（见第 42 页）和举止判断。猫咪的表达是非常清晰的。

　　猫咪的叫声可以大致分为20种，需要我们努力去理解。

猫咪的叫声与感情

频率	叫声	翻译	说明
常有	喵——	请为我做 ○○	"要求进餐或游戏的声音" 对人用得最多，用来提出进餐、游戏、按摩等要求。有时这种声音也表示不满，需要根据举止和实际情况判断。
	咕噜咕噜	好高兴	"放松时的声音" 从喉咙深处发出，有时也表示提出要求。猫咪在出生后不久就会发出这种声音，因此有说法认为与母子交流有关，但不知道详细的发声原理。
偶尔	喵！	呀！	"打招呼的声音" 猫咪在发现主人或听到有人呼唤自己时，会发出打招呼般的短促声音，是面对人类时很有代表性的声音，对关系特别亲密的其他猫咪也会发出这种声音。
几乎没有	嘶——唔	别过来！	"驱赶对方的声音" 针对入侵者、厌恶者和外敌等的威吓之声，目的是避免争斗，只要对方离开就不会打起来。
	嘎呀——	好疼！	"近似悲鸣的声音" 被人踩了尾巴，或被其他猫咪咬时，会自然发出悲鸣的声音。这样的声音代表可能已经在打架中认输，因此要立刻确认，以防万一。
各有不同	呜喵呜喵	真好吃	"因食物而欣喜" 左等右等终于吃到美食，有的猫咪会高兴地发出类似自言自语的叫声，这是猫咪表达食物美味的方式，也可能是因为捕到猎物，心情大悦。
	咔咔咔咔	好想袭击	"面对猎物的兴奋声音" 猫咪和逗猫棒玩耍或者发现窗外的虫鸟时会发出这种声音。想袭击而不得，兴奋与焦急表露无遗。
	啊——噢——	我想谈恋爱	"发情期的声音" 发情期的母猫呼唤公猫，以及公猫回应的声音。为了表现自己，猫咪的音量很大。公猫之间相互威吓时也会发出这种声音。
	啊——呼	呼！	"安心的声音" 长时间的紧张后放松下来发出的声音。不同猫咪的叫声各有不同。

猫咪的行为　**夜鸣是生病的信号**

出现夜鸣疑似生病

如果 13 岁高龄的猫咪突然开始夜鸣[①]，很可能是生病了，应该前往动物医院就诊。

夜鸣的原因主要是甲亢、脑部肿瘤和高血压（见第 153 页）等疾病，也可能是痴呆症。猫咪夜鸣的声音很大，不仅让家人难受，也会打扰邻居，需要尽早前往动物医院查明原因，进行必要的治疗。

年轻的猫咪偶尔也会夜鸣，但多是为了消耗体力或提出某些要求。

夜鸣的音调比发情期的略低。猫咪和人类一样也会有压力，要找出原因，尽早应对。

①白天也可能出现类似夜鸣的症状，但在白天，较大声音并不会引人注意，或因饲主外出，并不会造成太多问题。

1

按一定节奏发出"库噢——"的声音

夜鸣的主要特征是像远处传来的长嚎，音调比发情期时更低，节奏单调，毫无目的。这就是出现异常的信号。

夜鸣的特征

夜鸣没有明确的定义，但猫咪会盯着一个点持续鸣叫，也许用吠叫来形容这种声音更合适。

2

年轻猫咪的夜鸣

年轻的猫咪偶尔也会夜鸣，但多半是在提出玩耍等要求（见第 38 页），频率也不高。不过对超过 13 岁的高龄猫咪要特别注意。

夜鸣多久会停止？

猫咪的夜鸣没有原因，也没有目的，因此开始和结束的时间不确定。

要开药么？

3

治疗造成夜鸣的疾病

通过治疗造成夜鸣的疾病，可以控制夜鸣，直到停止，但痴呆症等疾病很难完全治愈，需要用精神安定剂或安眠药等调整猫咪的生活规律。

记录的必要性

在请兽医诊疗之前，需要记录夜鸣的频率，就诊时告知医生，用手机拍摄视频也非常有效。

猫咪的行为　从表情读懂猫咪的心情

不见笑容，但表情丰富

对于过群体生活的人类来说，微笑是表明没有敌意或社交的必备技巧。猫咪会露出威吓的表情，却不会使用表示友好的笑容。对于独居的猫咪来说，笑容是没有必要的。

猫咪露出看上去类似笑容的表情都是有别的原因，如对信息素进行分析的性嗅反射行为[1]。不过关系亲密的猫咪之间会露出放松的表情，或通过行为表达爱意。

如果猫咪冲你缓缓眨眼，是在表示亲密。从表达爱意到威吓，猫咪的表情十分丰富。

你知道我在想什么吗?

①比如猫咪闻到木天蓼的气味，或公猫闻到母猫尿液的气味时，会张开嘴，上唇上扬，吸入空气。

1

猫咪的表情与威吓

看起来面无表情的猫咪其实始终在通过表情表达感情，注意观察眼睛和耳朵的动作，理解猫咪的心情。

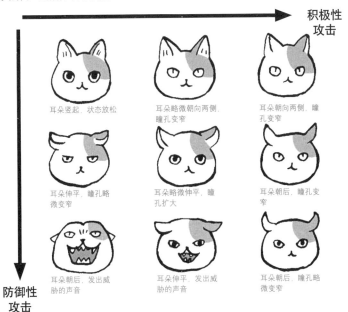

积极性
攻击

耳朵竖起，状态放松

耳朵略微朝向两侧，瞳孔变窄

耳朵朝向两侧，瞳孔变窄

耳朵伸平，瞳孔略微变窄

耳朵略微伸平，瞳孔扩大

耳朵朝后，瞳孔变窄

耳朵朝后，发出威胁的声音

耳朵伸平，发出威胁的声音

耳朵朝后，瞳孔略微变窄

防御性
攻击

2

从耳朵和胡子读出亲密的表情

放松时的猫咪双耳立起。从胡子也可以读出猫咪的心情，精神饱满时伸长紧绷，心情不佳或身体不适时则会下垂。

—— 也可以观察身体语言

如缓缓眨眼或舔舐对方的脸，就是没有敌意的表现。

我很信任你哦.

猫咪的行为 **从姿势解读心情**

了解家猫的特有姿势

　　与生活在严酷自然环境中的野猫不同，家猫绝大多数时间都很放松。

　　野猫或在搜寻猎物，或在戒备外敌，很少有毫无防备的时候。家猫则总是悠闲地生活在安全的环境中，不必担心食物和外敌。不过当陌生人来到家中时，家猫也会摆出警惕的架势，有时疾病也会导致身体僵硬。为了能及时发现异常，我们需要了解爱猫日常的放松姿势。

家猫大都状态放松。为了及时发现疾病等
身体变化，要事先了解平时的姿势。

1

看起来庞大的身躯彰显力量

毛发倒竖，将身体的侧面朝向对方，这是为了让自己看起来更加庞大，以便赶走敌人。既有自信满满的时候，也不乏虚张声势的情况。

—— 等待猫咪平复

这时猫咪始终处于临战状态，即使安抚也没用，需要等待它自行平复。

嗄噢——!

2

恐惧时缩起身体

突然有人来访或者出现巨大声响等，猫咪会感到害怕，就会压低身体，将尾巴夹在两条后腿之间，呈蜷缩状，向对方表明自己并无敌意。但如果猫咪被追到走投无路，可能转而进攻。

温柔地守护

请温柔地守护这一状态的猫咪。因为猫咪的精神状态不稳定，如果伸出手，可能会受到攻击。

我好害怕.

3

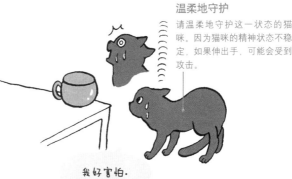

无妨哦.

休息时会蜷成一团

当猫咪四肢内侧贴住地面时，并非处在完全放松的状态，而是做好了随时逃走的准备。放松时的猫咪会将爪子塞在身下、伸展四肢或仰面朝天（见第 66 页）。

—— 静置不理

猫咪一旦变成这个姿势，多数时候表示睡意袭来。如果看到猫咪犯困，就不要打扰，给它安静的环境。

猫咪的行为 **伸展身体,转换心情**

人和猫都会在转换心情时伸展身体

动物的行为常被称作身体语言,用来向他人传递信息。主人总想了解猫咪所有行为的含义,但猫咪经常做出的伸展动作并不属于身体语言。

不过,想到猫咪也会和人一样,为了放松身体或转换心情而伸展肢体,就觉得格外亲切。

此外,如果在伸展身体时发生好事,猫咪就会形成条件反射,反复伸展。

瑜伽中"猫的姿势"无疑就是伸展。这是典型的猫咪行为,但猫咪并不是借此强调什么。

1

伸展身体促进血液循环

长时间保持同一姿势，肌肉就会僵硬，不利于血液循环。伸展动作可以放松身体，达到改善血液循环的效果。

嗯

猫咪很难生褥疮

长时间保持同一姿势，对猫咪的血液循环也有不良影响，但猫咪体重普遍较轻，不用担心会生褥疮。

差不多该起来了吧.

什么呀？什么呀？

嗯

2

可以改变心情

每只猫咪伸展身体的时机都不一样，多为玩腻了、准备起床或是想转换心情时，伸展身体的作用与人类相同。

拉伸活动

有的猫咪会在玩耍前伸展身体，相当于为了保持身体柔软的拉伸活动。

3

如果不再伸展身体，有可能是关节疼痛

如果关节疼痛，猫咪就不会再伸展身体。特别是老猫的关节问题较多，会减少伸展的频率。

好疼.

观察腿部

有些关节疼痛的猫咪在走路时会保护疼的那条腿，需要先观察确认是哪条腿及发病时间，再前往医院就诊。拍视频给兽医看也是很好的方法。

喉咙发声的撒娇时间

"咕噜咕噜"之谜尚未解开

在心情好或者撒娇的时候，猫咪的喉咙里会发出"咕噜咕噜"的声音。幼猫在喝母乳时也会这样叫，所以有说法认为"咕噜咕噜"体现了猫咪的安心。不过猫咪在身体不舒服时也会从喉咙发出叫声，所以还不知道真正的理由。不过，身体不适时的"咕噜咕噜"和撒娇时的不尽相同。

有人认为这种叫声是横膈膜震动发出的，但并不确定。我们可以根据表情和状况尽情猜测。

有些成年的猫咪也会钻进主人的被窝，像幼猫时一样发出咕噜咕噜的声音，主人尽可以温柔地让猫咪撒娇。

1

原为幼猫喝母乳时的声音

猫咪在出生后不久就能从喉咙处发出声音，主要在喝母乳时可以听到，也许这是放松的证明。

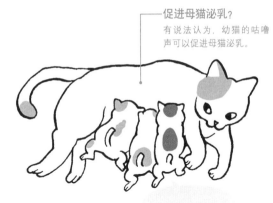

促进母猫泌乳？
有说法认为，幼猫的咕噜声可以促进母猫泌乳。

咕噜咕噜合唱团.

就让我这么待会儿.

咕噜咕噜是撒娇的信号
如果猫咪在你的大腿上发出咕噜声，是撒娇的信号，尽量不要移动，让猫咪尽情撒娇吧。

2

撒娇时常会发出叫声

友善型的猫咪在撒娇时常会从喉咙发出声音，每只猫咪的撒娇频率和场合不同。

3

有的猫咪就诊时也会叫

天不怕地不怕的猫咪在治疗台上也会叫。有的猫咪在身体不适时会从喉咙里发出声音，但和放松时的声音不同。

咕噜咕噜

提高康复能力？
也有说法认为，猫咪身体不适时发出的咕噜声能刺激骨骼，加快新陈代谢，促进康复。

今天要检查哪里呢？

猫咪的行为 **蹭一蹭，就是我的**

沾染气味的同时打个招呼

　　猫咪在主人的手臂、腿部、家具等地方用头或卷起的尾巴蹭来蹭去，起到打招呼和沾染气味两个作用。

　　猫咪的脸部周围和尾巴根部聚集着气味的分泌腺①。猫咪之间通过摩擦头部来打招呼，在对方身上留下气味，作为伙伴的标志。面对主人时，猫咪更多会去摩蹭主人的手臂和腿部，这也许是因为人的头部位置过高。沾染气味也是猫咪划定地盘的方法，因此猫咪会摩蹭家具。

> 猫咪用头部和尾部"蹭一蹭"，可以沾染气味，属于划定地盘或安心撒娇的行为。

①气味的分泌腺分布于猫咪的额头、下巴下方、嘴部周围、耳朵根部和尾巴根部。

1

猫咪之间的蹭头问候

猫咪的额头、下巴、嘴和耳朵等处分布着很多能够散发气味的分泌腺。猫咪之间通过摩蹭头部和脸部互相转移气味，表现彼此之间的亲密。在和人类打招呼时，猫咪也会用头蹭。

哈啰哈啰.

扭啊扭

表达所有权与亲密关系

蹭过的东西都被猫咪纳入势力范围内，是猫咪的所属物品和亲密伙伴。

2

经常做的摩蹭动作

摩蹭是猫咪在做记号，将气味附在自己的地盘和物品上，强调它们的归属权。这样的气味不像尿味一样持久，所以要反复摩蹭。

不这么蹭蹭就不算新的一天. 喵~

重复多次

有猫咪的家中，家具或柱子的一部分往往会发黑，都是猫咪反复摩蹭所致。

3

多只猫共存时向其他猫示威

公猫的地盘意识很强，因此在饲养多只公猫（见第118页）时，每只猫咪都会反复在家具上做记号。关系不好的猫咪还会发生争端。

怎么一转眼就……

地盘意识很强的猫咪

猫咪是单独行动的动物，地盘意识很强，尤其是公猫。同一个屋檐下，多只猫咪的相容度见第118页。

猫咪的行为 **用"嘶——"的叫声威胁对方**

魔法般的叫声，防患于未然

"嘶——"的尖锐叫声是用来威胁对手的。除了猫咪之间，还用于警告访客、犬类等动物和可疑物品。这样的叫声充满攻击性，但实际上是用来避免争斗的防御手段。如果能借此赶走对方，不战而胜，可以防止受伤，避免消耗体力。

如果威胁频率过高，会给猫咪自身带来压力，此时就需要重新审视猫咪的生活环境，为它们创造安心的居所。

如果猫咪频繁做出威胁举动，就要特别注意，也许是周围的环境让猫咪深感重压。

1

为了防御的威胁

"嘶——"与其说是攻击，不如说是以防御为目的的威胁。猫咪用叫声和行为表达"别过来"，以牵制对方。如果被逼至困境，猫咪就会转为攻击。

因恐惧而发出威胁

如果陌生人来到家中，猫咪可能会认为是敌人闯进了自己的地盘。在动物医院或室外其他让猫咪紧张的地方，猫咪也会因为恐惧发出威胁。

别过来，别过来，别过来……

2

呀?

皮痒痒了吗——

置之不理

威胁中的猫咪处于临战状态。安抚也没用，一旦出手还可能遭到攻击，需要等它们平静下来。

频率与戒备心的强弱成正比

威胁的频率与戒备心的强弱成正比。如果频率过高，要注意猫咪自身承受的压力。可以重整生活环境，比如在陌生人到来时为猫咪创造藏身之处，让猫咪不再做出威胁的举动。

3

野生公猫激烈的地盘争夺

野生公猫的地盘意识尤其强烈，时常在边界处发生冲突。刚刚独立生活的年轻公猫会为抢夺其他公猫的地盘而战。在争夺地盘或母猫时，野生公猫会频繁发出"嘶——"声。

争夺地盘的结果

野生公猫相互威胁。如果双方都不退缩，就会引发争斗。失败的一方会被赶走，寻找别的地盘，甚至可能饿死。

猫咪的行为　**猫咪尾巴的感情表现**

从尾部动作理解猫咪心情

　　尾巴是猫咪直接表达感情的部位，也许比表情更加清晰明了。伸展、弯曲、摇摆、倒竖等动作都有各自的含义。野生的猫科动物也用尾巴表达感情，这应该是猫咪从祖先那里继承下来的交际行为。

　　除了猫咪，拥有尾巴并与人类亲近的动物还有狗，但它们的尾部动作与含义完全不同。

　　　　观察猫咪的尾巴，可以理解猫咪的感情。直
　　　　立尾巴走向主人是猫咪在撒娇。

猫咪的感情与尾巴

猫咪的尾部由 18 ～ 19 块骨头和
12 条肌肉组成，动作十分细腻，
其中隐藏着下表中的感情。

友好、满足	高兴	轻视	愤怒
打招呼的姿势，尾巴竖直向上。	尾巴左右震动。	与表示友好的尾部动作相似，但立起的尾巴会左右摇晃。	威胁对方时，尾部的毛发会膨胀般倒竖起来。
没有自信	观察情况	友好	防御
尾巴竖起，但前端弯曲。	没有底气地观察情况时，尾部会略微高于水平线。	与地面平行且放松。	尾部稍微用力，处于警戒状态。
攻击	服从	警惕或感兴趣	焦虑
尾部松弛下垂，准备攻击。	恐惧时让身体显得更小，也为了防止受到攻击。	尾巴前端一抖一抖，听到呼唤，不想动但又很在意时也会这样。	左右剧烈摇摆，并敲击地面。

猫咪的行为 # 清洁毛发可以平复心情

猫咪有掉毛增多期

就像人类会随着季节更替变换衣着，猫咪也有毛发脱落、再生的换毛期。

季节更替时，无论是短毛猫还是长毛猫，都会换毛。不过，家猫主要生活在室内，温差小，没有明显的换毛期，全年都容易掉毛。

猫咪会自行清洁毛发，相对干净，但也需要梳理（见第 88 页）。这不仅可以去除脱落的毛发，还能改善血液循环，保持皮肤健康。

猫咪舔舐自己的毛发便可以平静下来，有的猫咪也会为了消除紧张或不安而清洁毛发。

日常清洁

1

基本只需梳理即可

猫咪会自行清洁毛发，所以基本只需梳理即可。长毛猫需要用排梳或针梳，短毛猫需要用橡胶梳（见第88页）。

不要忘了哦。

梳下来的是旧毛

第一次用橡胶梳时，往往会梳下大量毛发，让人担心是否脱毛过多。但其实梳下的都是会自行脱落的旧毛，每周梳1次的情况下无须担心。

梳毛是很重要的交流

梳毛有促进皮肤血液循环和按摩的作用，还是和猫咪重要的交流时间，要保证1天1次。

2

长毛猫每天梳1次

长毛猫很容易形成毛球，皮肤也容易产生闷热感，不护理就无法保持皮肤健康，要养成每天梳毛的习惯。

今天也麻烦主人啦。

不知怎么回事呀。

哈

3

过度清洁毛发需要留意

猫咪会为了平静下来而清理毛发，所以经历失败后也会清理毛发。此外，就像人遇到压力时会咬指甲一样，猫咪会出现过度舔舐毛发的情况，要留意。

清洁毛发的意义

猫咪会为了驱散不安、恐惧或压力而清理毛发，这种现象被称为"转移行动"。

猫咪的行为 **磨爪让心情焕然一新**

磨爪是猫咪的天性

锋利的指甲有助于捕获猎物，对于猫咪来说必不可少。但磨爪的理由不仅限于此，爪痕和爪子底部的气味是猫咪留下的记号，磨爪还可以消除焦虑。所以不能阻止猫咪的这一习性。

为了保护家具，可以为猫咪提供更有吸引力的猫抓板。猫咪喜欢木头、麻、纸箱、布等指甲容易挂住的材质。

磨爪用具可以剥离旧指甲，使指甲保持锋利。猫咪的指甲平时藏在指头里，必要时会伸出来一展威力。

不磨磨就静不下心来呢。

1

为了强调地盘也会磨爪

划地盘时，猫咪会通过磨爪留下爪痕和爪子底部的气味，以彰显自己的领地。为了显示自己的高大，猫咪会在较高的位置磨爪。

野生动物的遗痕
野生的猎豹等猫科动物也会抓挠树干高处，留下痕迹。

这可是我的领地。

后爪因关节构造无法摩擦
后爪与前爪不同，也许是因为无须按压猎物，所以可以适当勾起。爬树或许可以达到摩擦的效果。

保护家具和墙壁
市面上可以买到贴在家具和墙壁上的丙烯板。猫咪的指甲无法在上面挂住，因此不会在那里磨爪。

可以在那里磨吗？

2

很难阻止猫咪磨爪

用磨爪做记号是猫咪的天性，不能阻止。如果想保护家具，可以贴上保护膜，或者设置更有吸引力的猫抓板。设置好后可以将猫咪的前爪放在板状部分摩擦，一旦留下气味，猫咪就会在这里磨爪。

3

关节疼痛时磨爪会减少

关节疼痛时，有的猫咪会逐渐不再磨爪。当猫咪磨爪次数减少，指甲勾起时，就要通过猫咪的走路方式和坐姿来确认关节疼痛的症状。

忽略

常给老猫剪指甲
年老的猫咪无法磨爪，一旦勾到地毯或窗帘，非常危险，所以要常剪指甲。

猫咪的行为 # 踢动后腿练习狩猎

充满狩猎本能的后腿弹踢

　　猫咪的狩猎本能很强，经常追逐或抓捕移动的物体。抱着人类的手或毛绒玩具用后腿弹踢，也是源自狩猎本能。

　　在人类看来，这样的举动就像做游戏，但猫咪是在认真地练习狩猎，有的猫咪甚至会毫不留情、实实在在地又咬又踢。当猫咪练习后腿弹踢时，最好用毛绒玩具等物品代替人手，在避免受伤的情况下努力满足猫咪的本能。

猫咪后腿的力量不容小觑，强大的力量可以帮助猫咪高高跃起。

1

后腿蹬踢力量更强

在跳跃和爬树时，猫咪的后腿像弹簧一样有力，而前腿的构造足以支撑包括头部在内的上半身。

后腿力量不足时

后腿弹踢能力减弱时，有可能患了关节疾病、神经异常或骨折。

踢!!

喊!

踢

2

踢人也是认真的

用后腿弹踢是猫咪在练习狩猎。为了给对方造成破坏，即使对手是人也毫不留情。

讨厌被人摸腿

猫咪用后腿蹬踢，却讨厌被触摸（见第 111 页）。有不少猫咪无论前腿还是后腿都不喜欢被摸。

3

疼痛时无须勉强

如果被踢疼了，直接离开即可。蹬踢是猫咪的本能，不能呵斥，可以给猫咪提供毛绒玩具。顺应本能尽情蹬踢，猫咪会很满足。

后腿与前腿

猫咪的体重主要由前腿承受，但后腿力量更强。

能和我一起玩吗？

猫咪的行为 # 咬一咬是狩猎本能？

为了吃肉而长的牙

　　猫咪的乳牙会在 4 个月左右时换成恒牙，换牙过程持续 2 ~ 3 个月，脱落的乳牙大多数会被猫咪吞下。

　　猫咪用锋利的犬齿咬住猎物，再用前齿（门齿）咬下肉块，用剪刀状的后齿（臼齿）将肉块"切"小。猫咪无须将食物磨碎，因为主食肉类容易消化，只要咬成能够吞咽的大小就可以了[①]。猫粮的大小可以直接吞咽，因此即使牙齿脱落也能吃[②]。

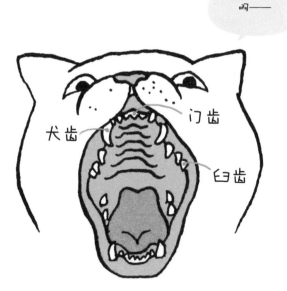

猫咪一旦玩得兴奋了，有时会把人的手指错当玩具来咬，所以要和猫咪保持距离，让猫咪知道只要咬人，人就不会再陪它玩了。

[①]猫是肉食动物，不能缺少动物蛋白，一般会捕食老鼠、鸟、蛇、青蛙等。
[②]掉牙之前，牙垢积累会导致牙结石，细菌会通过牙龈入侵全身，损伤心脏和肾脏，因此必须刷牙。

1

幼猫的啃咬是狩猎训练

幼猫通过啃咬各种东西进行狩猎训练。由于经验不足，有时会用力过猛。从出生后一个半月开始，幼猫和兄弟姐妹间的打闹会越发激烈，用力过猛会激怒对方，渐渐地学会掌握力度。

什么都要咬一咬。

走路时突然被猫咪咬住腿

有没有过走路时突然被飞奔过来的猫咪咬住腿的经历？在猫咪的眼中，移动的腿部就像猎物，所以它会不由自主地冲上来。

2

无视猫咪咬人

如果猫咪咬了你的手，只要完全无视（无反应），猫咪很快就会失去兴趣。当然也要花点心思，用逗猫棒等和猫咪玩耍，让猫咪不再咬人。

口感不好。

让幼猫学习

即使被幼猫啃咬也不要斥责，但如果任其啃咬，有的猫咪会形成习惯。一旦被咬，要离开猫咪，让猫咪知道"要是咬我，就不陪你玩了"。

3

比起制止，更要寻找原因

啃咬是猫咪的狩猎训练，但也可能是由压力等诱发的攻击行为。找到攻击原因后，对症下药。

思考原因

平常就要观察猫咪，告诉善医可能引发啃咬的原因。有的猫咪会因为压力而迁怒于其他事物，做出攻击的举动。另外，如果触碰猫咪的痛处、爪部或腿部等不愿意被触摸的地方，猫咪也可能因为"防御本能"而啃咬对方。

猫咪的行为 **用记号强调地盘**

喷尿、摩蹭和磨爪都是做记号的表现

　　猫咪会在特定场合留下自己的尿液或体味，强调自己的地盘，这就是做记号。

　　其中极具代表性的行为，是未做绝育手术（见第 96 页）的公猫像喷水一样排尿。与生理性的排尿不同，这是以强调自身的存在为目的，因此会大范围喷洒气味强烈的尿液。绝育手术会使公猫减少这一行为，但无法完全抑制。

　　此外，磨爪（见第 58 页）能够留下爪痕和爪子底部的气味，摩蹭（见第 50 页）能够留下额头的气味。

　　单独行动的猫咪靠守护"地盘"生存。猫咪之间"互不干扰"是它们维持稳定生活的必要状态。

做记号三部曲.

1

在高处做记号的理由

无论用什么方法做记号，猫咪
都喜欢在高处留下气味，意在
显示自己的高大，威胁对方。

怎么着？

公猫气味强烈

公猫像喷水一样用尿液做记
号，会留下极其强烈的气味。
即使人类嗅觉迟钝，也能闻
出和普通的尿液不同，气味
独特。

2

嘿嘿。

与母猫相比，公猫做记号
的次数更多、气味更强

母猫只要有足够的食物，就不会
执着于划地盘。公猫为了独占更
多母猫，做记号的次数更多，气
味也更强。

喷尿的效果

喷尿的效果据说能保持 24 小
时。即使是室内喂养的猫咪
也会每天巡视地盘，重新留
下记号。

3

用绝育手术预防公猫喷尿

当喷尿成为习惯，就有可能无法抑
制。可以在公猫出生 6 个月后、体
重达到 2.5 千克时进行绝育手术。
母猫原本就很少喷尿，绝育后没有
什么变化。

不能用训斥的方式制止

做记号是猫咪的天性，即使训斥也无法
制止，做绝育手术更有效。

通过坐姿判断放松程度

平时就注意观察猫咪的坐姿

从坐姿也能判断猫咪的放松程度。野猫不知道何时会遭到袭击，所以十分警惕，经常摆出随时都能逃跑的姿势。但只要待在家中，敌人不会找上门，就不需要为突发情况做准备，因此家养猫咪基本时刻处于放松状态，要么仰面朝天，要么趴着将前腿藏起。

有些猫咪的坐姿极具个性。如果猫咪的坐姿突然发生变化，可能是关节等部位出现了异常。

猫咪露出肚子仰面朝天，是在表示"快逗我""和我玩"。坐姿也能反映猫咪的心情。

休息一下.

1

伸腿而坐

前腿伸向前方，能立刻起
身逃走，这一姿势并非完
全放松，而是稍有不安。

可爱的"苏格兰坐"

苏格兰折耳猫腿部的软骨无法弯曲，所以
会将后腿伸向前方坐着，被称为"苏格兰
坐"。

给我好好表现.

放松的证明

肚子是猫咪的要害。
将肚子露给对方，是
信任与放松的证明。

2

仰面或将前爪藏在身下

露出肚子，毫无防备地
仰面朝天，或是将前腿
折起藏在身下，都属于
无法接续下一个动作的
姿势，十分放松。

3

改变坐姿也许是关节疼痛

如果肘部、膝部或胯部的关节疼
痛，腿就无法弯曲。随着年龄增
长，关节也会老化。要特别注意
猫咪的坐姿变化。

高龄猫咪常见的关节疾病

猫咪进入老年后，很容易患上变形性关节
炎。12 岁以上的猫咪，70% 都患有此病，
可以通过治疗来消除疼痛。

猫咪的举止 **走路方式透着喜怒哀乐**

仰着头走走吧，心情如何呢

从走路方式也可以大致判断出猫咪的心情。像跳跃一样有节奏地行走表示心情极好，脸和尾巴都朝向天花板，显示出发自内心的喜悦。相反，如果猫咪脚步沉重，无精打采，有可能是身体不适。

为了能及时察觉走路方式的变化，平时就要注意观察。

顺便一提，猫与狗等动物的走路方式为"指行性"，即仅用指部着地。

走路方式也会表现出猫咪愉悦或警惕等各种各样的心情。

1

躬身走路

如果猫咪在行走时将身体压得很低，是警惕的信号。发现猎物时，为了能随时扑向猎物，猫咪也会躬着上半身缓步前行。

一步一步.

屁股左右摇晃的含意

盯上猎物的猫咪会将身体压低，屁股左右摇晃。这样的摇摆展现出猫咪内心的纠结：虽然很想扑向猎物，但时机不对就会失败。

好难走路啊.

2

身体疼痛时会改变走路方式

通常情况下，猫咪走路时步幅一致，四肢用力也比较均等。如果单脚上提或有些拖沓，可能是疼痛所致。

向兽医咨询

如果猫咪总像是在保护自己的腿，或者讨厌被触摸，可能是疼痛或不适所致。

3

踵部拖地、无法抬头是患病的征兆

当猫咪并非处于警戒状态，却总是低着头，或拖着踵部行走，有可能是患病了，需要带到动物医院就诊。

也有可能患了糖尿病

后腿踵部拖地行走，有可能患上了糖尿病。猫咪后腿的踵部是伸出的骨骼。

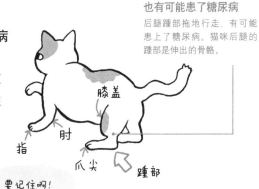

膝盖

指　肘

爪尖　踵部

要记住啊!

猫咪的举止 **登高可以安心、安全**

与猫咪共同生活时必不可少的高处

高处敌人较少，又比较容易发现猎物，可以让猫咪安心，有百利而无一害。

许多猫咪都喜欢安全舒心的高处，有时还会为高处的地盘发生争斗。强者会在争斗中获胜，因此身居高处的猫咪会显得更了不起，但所在之处的高低和猫咪的社会地位应该没有必然联系。

猫咪有时会因攀登得过高而无法下来，要根据猫咪的攀爬能力调节猫爬架的高度。

猫咪喜欢安全且能轻松获取食物的地方。
高处有掉落的危险，要特别注意。

喵哈哈哼。

1

猫咪发达的半规管

猫咪的半规管十分发达，滑倒时也可以判断上下方位，采取保护姿势。这是从生活在树上的祖先那里继承下来的能力。猫咪还可以跳到 2 ~ 2.5 米高，是身长的5 倍。

三周拧摔.

着地时必备的肉垫
软软的肉垫摸起来非常舒服，很有弹力，就像垫子一样可以缓和着地时的冲击。

骨折的征兆
如果猫咪发出不安的叫声，或者无法自如行动，可能已经骨折了。

2

如果无法自我保护，可能骨折

有时猫咪会从看似非常安全的沙发等低矮处掉落，但由于落地时间太短，可能无法采取自我保护的姿势，因而骨折。

100 万美元的夜景.

3

注意从阳台坠落的情况

即使在室内饲养猫咪，也必须注意从阳台坠落的情况。特别是如果从 5 ~ 6 层坠落，由于落地之前一直不断加速，死亡率相对较高。如果从 7 层以上坠落，速度就会减缓，死亡率反而低于从 5 ~ 6 层坠落，但仍然存在极大危险。

在阳台上拉网
最好不要让猫咪进入阳台。如果猫咪经阻止仍想进入，需要在栏杆间挂上高强度的网，并撤掉脚踏台一类的物品。

狭窄的空间让猫咪安心

猫咪特别喜欢狭窄的空间

猫咪喜欢狭窄的空间，比如抽屉里或家具的缝隙中，这是因为猫咪的祖先曾经生活在山野中，习惯在不易被敌人发现或袭击的地方休息。又高又窄的地方尤其受到猫咪的青睐。

即使是在安全的室内，也要给猫咪提供沙发下、床下、衣柜上等场所，以便它们在受到惊吓时能够藏身并平复心情。如果藏身之处能够满足猫咪的本能，猫咪会感到很满意。

为了让猫咪能够藏身并感到安心，要为猫咪创造狭窄的空间，但久藏不出有可能是生病了。

1

创造猫咪能够藏身的场所

猫咪会自己寻找狭窄的空间，但还是要尽量为它们准备好，可以在人够不到的又高又窄的地方放置猫咪喜欢的床等物品。

ニャリ

梦想的别墅！

喜爱的藏身之处
隧道形玩具等地窖样式的东西可以在市面上买到，或者将只打开一部分的纸箱放在走廊一角即可。

2

喜欢藏身的猫咪好奇心极强

藏身不只限于休息或害怕的时候。好奇心旺盛的猫咪会探索房间的每个角落。

野生的习性
藏入狭窄的空间源自野猫的习性，它们会藏进四面都被围住的地方，以求不被外敌袭扰，安心休息。

前进前进.

3

注意长时间藏身的猫咪

身体不适时，猫咪会长时间藏在狭窄的空间里。如果总是不进食，听到呼唤也不肯出来，应该立刻带到动物医院就诊。

是心情不好还是身体不适？
猫咪不肯从狭窄的空间出来，究竟是心情不好还是身体不适，要结合猫咪的性格观察。

能不能不出来？

猫咪的举止 # 呕吐是习性还是疾病？

要确认猫咪的呕吐物

与人类不同，猫咪在健康时也会呕吐。长毛猫在清洁身体时会吞入毛发，因此会吐出毛球。吃饭较快的猫咪也会在进食后呕吐，这是因为混杂胃液的食物会膨胀，因此要让猫咪细嚼慢咽。

绝对不能认为猫咪呕吐是理所当然的，否则呕吐次数增加时可能会误以为是正常现象。如果频繁呕吐，一定要尽早采取措施。

为了不错过生病的信号，平常就要记录呕吐次数等信息。

1

呕吐时要确认

只有在以下 4 项条件全部满足时，才能仅限于观察：①每周呕吐不超过 1 次。②体重未减。③食欲正常。④没有腹泻。否则就要前往动物医院就诊。

食欲

体重

腹泻

次数

吐了什么

如果只吐毛球，且不频繁，并满足图中的 4 项条件，那么只需观察情况。若无法判断呕吐物是否为毛球，最好拿到医生那里看。

嗯嗯还不错呢。

自家栽培

猫草主要是燕麦等禾本科植物，可以购买用作仓鼠和兔子饲料的燕麦在自家栽培。

2

给不擅长呕吐的猫咪提供猫草

猫草的特点是叶子尖尖的，可以刺激消化器官，促使猫咪吐出毛球，并非必需品。如果猫咪想吐毛球却无法顺利吐出，可以给猫咪提供猫草。毛球长期堆积在腹中十分危险，猫咪一般会吐出或混在排泄物中排出。

3

短毛猫吐出毛球有可能是患病了

与长毛猫相比，短毛猫不怎么脱毛。如果短毛猫频繁吐出毛球，可能是某种原因导致大量脱毛。

想吐却吐不出来

如果较大的物体堵在喉咙里，或食道中有异物，又或者已经吐干净了却还是想吐，就会吐不出来。所有呕吐症状的疾病都有可能出现此类情况，要立刻去医院。

怎么回事！

猫咪的举止 **突然发胖疑似生病**

注意并非怀孕的腹部发胖

　　如果只有腹部像膨胀了一样发胖，有可能是生病了。确认膨胀的样子，试着找出原因。

　　腹肌外侧部分膨胀可能是肿瘤，有良性和恶性（癌症）之分，需要检查确认。若腿部和后背变瘦，只有腹肌内侧整体膨胀，可能是癌症引起的内脏肿大或腹水，这两种情况都要前往医院就诊。没有接受过避孕手术的母猫也有可能是怀孕。

　　全身发胖毫无疑问是肥胖，要和兽医共同决定目标体重，通过饮食控制和运动来减肥。

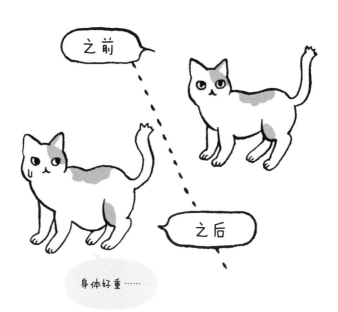

之前

之后

身体好重……

1

检查猫咪的肥胖度

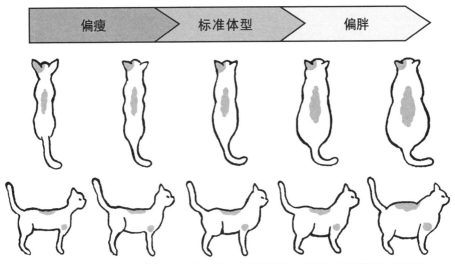

| 偏瘦 | 标准体型 | 偏胖 |

肋骨和腰部的凹陷清晰可见。从侧面可以看出腹部内凹。要逐渐增加食量。

可以触及肋骨，但覆盖着薄薄的脂肪。腰部适度凹陷。从侧面可以看出腹部内凹。

肋骨被大量脂肪覆盖，无法摸到。腹部、腰部和腿部均有脂肪。从侧面看不出凹陷，腹部向外突出。

2

正常进食却日渐消瘦是患病的信号

每天正常进食却日渐消瘦，有可能是甲状腺的疾病。"发胖"与"消瘦"都是患病的信号。与上述肥胖度检查不符，身体某部分发胖或消瘦，尤其需要注意。

好吃好吃。

特别注意8岁以上的猫咪

如果猫咪1个月内体重下降5%，要特别注意。正常进食却日渐消瘦，是甲亢（见第153页）等疾病的信号，常见于8岁以上的猫咪。如果1个月内体重增加5%，可以判断为变胖。幼猫不断成长自然没有问题，但多数成年猫咪变胖通常是因为进食过多或运动不足。

猫咪的举止 **明明不热却嗜冷是身体不适**

不要自行判断，拜托兽医诊断

　　猫咪前往凉爽的地方可能是患了严重的疾病。

　　猫咪非常耐热。如果身体健康，不太会为了避暑而移动。它们在凉爽的地方休息有两个原因：一是身体不适体温下降，猫咪的平均体温为38 摄氏度，如果下降到 36 摄氏度就会感到室内暑热；二是身体不适的猫咪选择的藏身之处恰好很凉。两种情况都可能源自关乎猫咪生命的重症，要立刻前往动物医院。

> 猫咪的忍耐力极强，不会让人看到自己软弱
> 的一面。若无其事前往凉爽的场所也可能是
> 生病的信号。

你在啊?

1 根据当天气温判断

在超过 30 摄氏度的大热天，如果室内没有开空调，猫咪有可能前往凉爽的地方。但如果猫咪在开了空调后仍然前往他处，要特别注意。

冬季也有可能

如果暖气温度过高，猫咪也可能寻找凉爽的地方。一旦体温下降，猫咪就会回到温暖的地方，若长时间不回来就需要注意。

家中的凉爽之处

玄关、走廊、距离浴室和暖气较远的木地板、壁柜等都是家中的凉爽场所。

2 前往凉爽场所的原因

身体不适的猫咪前往凉爽场所，有两个原因：一是身体异常导致体温下降；二是身体不适，选择的隐藏之地恰好很凉。两种情况都要带到医院检查。

3 必须带到医院

患病的猫咪或老猫如果移动到了凉爽的场所，恐怕有性命之忧，要先用毛毯等包住猫咪的身体保暖，然后送到动物医院。

告知准确状况

告知兽医准确信息，比如猫咪在家中的什么地方待了多久。

要说清楚哦。

如果犹豫是否送医

动物医院经常接到那种"虽然如此，但可以先观察一下情况吗"的电话，比如"呕吐了3天，也不吃东西，不过是不是可以先观察一下？"如果是自己或家人处于同样的状态，会怎样呢？肯定会立刻送到医院。因为是猫，所以可以观察一下——根本没有这样的事。请换成自己或家人想想吧。

此外，如果出现不同寻常的情况，若能用数码相机或智能手机拍下照片和视频，非常有利于诊断。比如，以为猫咪是在咳嗽，但其实可能是打喷嚏或恶心。仅凭主人口述无法确认的症状，在视频的帮助下更容易判断。有些情况因长期生活在一起而难以察觉，比如眼睛颜色的变化等，如果能在健康时拍下照片就再好不过了。

很多人都会上网查找猫咪的疾病信息，但有的病可能事关性命，需要尽早接受诊疗。不要仅仅依赖网络，在疑惑时一定要询问医生。

 第 3 章

日常照顾让猫咪更健康

生活的原则 猫咪也有生活规律

规律的生活带来健康

　　猫咪在清晨和傍晚较为活跃，即使和人类一起生活也不会改变[①]。在室内喂养猫咪时，为了让猫咪感受到昼夜交替，尽量在每天同一时间关灯。白天明亮，夜晚保持与月光同等的亮度，这是最理想的。

　　生活没有规律会增加猫咪患病的风险，特别是主人独自生活的情况。要避免猫咪长时间空腹，注意按时睡觉，为了人猫双方的健康，用心创造规律的生活。

猫咪每天的生活是有规律的，主要的活动时间是
清晨和傍晚，不要忘记昼夜交替也会影响猫咪。

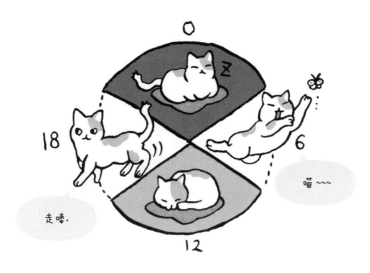

①人类是"昼行性"动物。

要出来啦要出来啦.

1
掌握排泄规律
猫咪 1 天排便 1 ~ 2 次，
排尿 2 ~ 3 次，多则 5 次。
尿量稳定十分重要，每周
称一次吸收尿液后的猫砂。

排尿异常
如果尿道堵塞无法排尿，会危及猫咪的
生命，24 小时以内多能挽救，要尽早
送医。

已经到晚上
了吗？

2
猫咪是"季节性繁殖动物"
猫咪是季节性繁殖动物，会感知日
照时间，在白昼变长的春分前后开
始发情。室内喂养的猫咪如果每天
待在黑暗中超过 14 个小时，就不
会发情。

发情从何时开始
猫咪的发情早至出生后 5 ~ 6 个月，晚
至 1 岁。室内喂养的猫咪发情次数各有
不同，一年 5 ~ 6 次。

3
生病或许因为生活没有规律
生活没有规律会导致各种各
样的疾病。很难确认具体原
因，但如果出现身体不适，
调整生活规律也是恢复方法
之一。

**如此的不适是因
为……**
如果主人持续毫无规
律的生活，猫咪可能
产生压力，进而食欲
下降，腹泻或呕吐。

睡不着……

生活的原则 室内喂养守护猫咪的安全

家猫的低风险

如今都鼓励人们将猫咪完全放在室内喂养。往来于屋外和室内的"半野猫"可能会遭遇交通事故或传染病等危险，排泄物也会给邻居造成麻烦。

与半野猫相比，家猫更健康，寿命也更长（见第 144 页）。考虑到猫咪的安全和对周围的影响，即使短时间外出也应该避免。在玄关和窗前设置猫咪无法跨越的栅栏或围栏，阳台拉网，可以防止猫咪逃走或坠落。

对于猫咪来说，家以外的地方都属于"地盘"之外，危险重重。

1

考虑外出的危险

家猫一旦外出，有可能在和野猫打架时染上传染病，如果是田地广布的地区，猫咪可能误食有毒的农药和除草剂，此外还有遭人虐待的风险。

室外潜藏的危险

猫咪在室外有可能遭遇交通事故。它们初次遇到移动中的汽车和自行车，会束手无策，结果往往停在原地。

我可不会死。

还是我家最好。

无法外出的猫咪很可怜吗？

有的猫咪会兴高采烈地外出探险，但对于多数猫咪来说，家门之外不是它们的"地盘"。不少猫咪都会在出门之后很快回家，也许因为想在自己的地盘安心生活。

2

不要让猫咪了解外面的世界

猫咪一旦了解外面的世界，就会想要外出。人们很难消除这样的欲求，因此最好不要让猫咪了解外面的世界。

3

安全带也并非绝对安心

市面上可以买到带猫咪散步用的项圈和安全带，但猫咪身体柔软，很有可能脱出，最好避免外出散步。

我就要去我想去的地方。

猫咪不适合散步

猫咪一旦听到巨大的声音，或者看到迅速移动的物体，就容易感到恐慌。此外，猫咪喜欢上下运动，如果对高处产生兴趣，就可能上到人们够不到的地方，无法下来。

生活的原则　猫咪独自看家最多1晚

两晚以上要请宠物保姆或送到酒店

猫咪独自在家的时间最好不超过1晚。

猫咪是单独生活的动物，看家本身并不辛苦，主要是担心猫咪会有身体不适。猫咪常见的泌尿系统疾病一旦发作，不能排尿，两天就会死亡。如果早上出发，第二天傍晚就要回来。委托朋友等到家中查看情况更让人放心。

出门前，主人要给猫咪准备足够的食物和水，收好危险物品，营造良好的生活环境。

将猫咪独自留在家中时，不要开错暖气和冷气，多放置厕所、水和食物。

要给我买礼物哦。

1 尽量请人帮忙照看

外出两晚或以上自不必说，即使只外出 1 晚，也最好请朋友或宠物保姆帮忙照看，以防万一。如果自家猫咪不会因改变环境而产生压力，也可以寄放在动物医院或宠物酒店。

初……初次见面.

是能信任的人吗？

让对方来到家中，就要给对方钥匙。如果请宠物保姆，要选可以信赖的熟人。最好拜托和猫咪见过几面的朋友。

我开动啦——

2 要避免食物"过多"或"不足"

出远门时，有可能会因为飞机或火车延误而晚归。放置的食物最好比出门天数相应的量多一些。

收拾室内

看家的猫咪很爱摆弄绝缘电线、纸巾盒、猫粮袋等，可能引发事故，要提前收好。

---

3 水也多多准备

水比食物更重要，要放在不易打翻的稳固容器中，并且要多准备几个。天气炎热时还要注意室温，避免水和食物腐坏。

渴了就不能看家了.

水的注意事项

天气炎热时，一旦水分不足，猫咪就可能出现脱水症状。冬天时，如果打翻装水的容器濡湿毛发，容易引起感冒，所以要使用稳固的容器。

日常照料 **梳毛带来亲密关系**

梳毛带来健康

　　为了不形成毛球、不让脱落的毛发弄脏房间，要及时为猫咪梳毛。猫咪会自己清理毛发，但波斯猫等鼻子较短的猫咪无法够到后背等部位。一旦形成毛球，就会引发皮炎，吞入毛球可能引起肠梗阻。

　　梳毛能适度刺激皮肤，促进血液循环，还可以起到按摩的效果。梳毛时的身体接触也可以帮助主人及时发现猫咪的病情。

　　　　梳毛可以去除猫咪脱落的毛发。春季和秋季
　　　　的换毛期，长毛猫和短毛猫都应该每天梳毛。

唔唔~~~

舔不到了……

1

长毛猫每天梳毛，短毛猫每周梳 1 次

长毛猫很容易沾上脏东西，毛发也很容易打结，由于脱毛严重，每天都要梳毛。短毛猫每周至少需要梳 1 次。

请看我多漂亮.

冬季注意静电

冬季梳毛时很容易引起静电，可以事先润湿梳子，防止产生静电。

双层毛发的猫咪要细致梳理

猫的毛发分为双层和单层。双层毛发由上层毛发和浓密厚实的下层毛发构成。

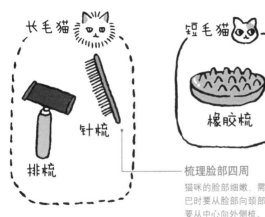

长毛猫

针梳

排梳

短毛猫

橡胶梳

梳理脸部四周

猫咪的脸部细嫩，需要使用橡胶梳。梳理下巴时要从脸部向颈部梳，梳理脸颊和额头时要从中心向外侧梳。

2

区分使用梳子

长毛猫和短毛猫要使用不同的梳子。针梳尖部十分锐利，梳毛时用拇指和食指捏着，动作要轻缓。无论使用哪种梳子，都要顺着毛发的方向，按照颈部、臀部、腹部、脸部的顺序梳理。

3

不喜欢梳毛的猫咪要慢慢来

很多猫咪都不喜欢被人触碰腹部、尾部和爪尖，因此不要试图一次全部梳完，如果猫咪厌恶就立刻停止，一边观察猫咪的反应一边循序渐进。如果不梳毛，猫咪会吞下大量脱落的毛发，可能引发被称为"毛球症"的肠胃疾病。

梳多了我可不愿意哦.

让猫咪从小养成习惯

若能让猫咪从小就习惯梳毛，长大了就不会厌烦。如果猫咪不喜欢仰面梳理腹部毛发，可以让它们趴着，拉伸腹部的皮肤进行梳理。

再难也要每天刷牙

为了健康必须刷牙

　　猫咪很少有蛀牙，但牙垢堆积会得牙周病。牙垢堆积 3 天就会变成牙石，上面的细菌一旦从牙龈侵入全身，就可能损伤心脏和肾脏。牙石很难通过刷牙去除，因此要遏制在牙垢阶段，为此必须 1 天刷 1 次牙，或者至少 3 天刷 1 次。吃湿润型猫粮的猫咪尤其容易产生牙垢，最好每天刷牙。

一旦牙垢堆积，患上牙周病，不仅要拔牙，
还会危及心脏和肾脏的健康。

1

使用牙刷或纱布

可以选择猫咪专用或人类婴儿使用的牙刷，刷头较小。猫咪专用的牙粉带有海鲜等猫咪喜欢的味道，尽管使用。

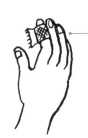

不喜欢牙刷的猫咪

可以用纱布，并尽量使用猫咪专用的牙粉。如果猫咪不喜欢牙粉，可以将濡湿后的纱布缠在手指上，摩擦牙齿表面。

2

从后方开始刷

若从正面开始刷，猫咪可能会非常警惕，因此要从后方开始。将猫咪放在大腿上或台座上更容易刷牙。

刷牙的方法

不用强迫猫咪张嘴，将牙刷从嘴部一端滑入口腔。在牙齿和牙龈间轻轻刷。

跟牙垢说拜拜。

3

臼齿要仔细刷

给猫咪刷牙需要刷犬齿和臼齿。臼齿的清洁十分重要，上方的臼齿最容易积累牙垢，如果猫咪不讨厌张嘴，一定要仔细清洁。一旦形成牙石，就必须到医院用超声波切除，严重时还需要全身麻醉，牙石本身也会给猫咪造成负担。有的宠物美容院可以无麻醉去除牙石，但不是兽医主刀，过程也十分痛苦，不推荐。

讨厌刷牙的猫咪

可以今天刷右边的臼齿，明天刷左边的臼齿，在短时间内一点点清洁牙齿。

臼齿

日常照料 # 严禁长指甲！剪指甲

让剪指甲成为习惯

必须定期给猫咪剪指甲。猫咪磨爪是为了将指甲磨尖，并不会磨短，如果不剪，指甲会越来越长，被东西挂住时非常痛，挂在窗帘和毛毯上还可能导致猫咪受伤。

当你觉得猫咪的指甲尖了，就该剪了，每月至少要剪1次。爪尖是猫咪的敏感部位，如果猫咪不喜欢，可以尝试每天只剪1只爪子，剪完后奖励猫咪。

猫咪虽然会磨爪，但指甲仍会不断生长。为了预防意外受伤，要定期给猫咪剪指甲。

1

推荐使用剪刀式指甲刀

剪指甲要使用猫咪专用的指甲刀，有钳式和剪刀式两种，推荐使用后者。

不要强行压住

给猫咪剪指甲时切勿强行压住猫咪，否则剪指甲会成为猫咪"讨厌的记忆"，不会再让人给它剪。

温柔点儿哦。

2

放在台座上更好剪

如果猫咪趴在地上，人就必须弯下腰给猫咪剪指甲，非常困难。若将猫咪放在台座上，人的姿势会更舒服。当然要注意别让猫咪从台座上掉下来。

如果有人帮忙

一个人握着猫咪的爪子，另一个人剪指甲。若用力过猛，猫咪可能会发怒。

3

老猫的指甲不剪，可能刺入肉垫

猫咪的指甲会随着年龄的增长变粗，指甲长了，前端就会内勾，如果不剪掉，会刺入肉垫，甚至影响走路，要特别注意。

从这里剪掉

血管和神经

别弄疼我哦。

注意长指甲

不要剪到血管通达的粉色部分，剪掉前端的白色部分即可，如果出血，要用纱布止血。

日常照料 **每月洗1次澡**

猫咪不喜欢水

猫咪讨厌被水弄湿。人们认为这是因为家猫的祖先利比亚猫生活在沙漠地带，不习惯湿润。

猫咪通过清洁毛发（见第 56 页）来保持身体的洁净。喂养在室内的猫咪，身体很少弄脏，基本无须洗澡。但长毛猫是例外，自行清洁时部分皮肤无法舔到，毛发容易弄脏和打结。为了皮肤和毛发的健康，每个月都要给长毛猫洗 1 次澡。

洗澡之前要确认猫咪的身体是否有不适或发热，人和猫是否剪好指甲，以及门窗是否关好，以防猫咪逃走。

1

短毛猫不需要洗，
长毛猫每月 1 次

猫咪会自己清洁毛发，只要按时梳毛，短毛猫不洗澡也没关系。如果觉得太脏当然可以洗。分泌汗液的汗腺较少也是短毛猫无须洗澡的原因。长毛猫每月需要洗 1 次澡，这会让它们的毛发更美。

我自己就能洗澡。

洗澡的顺序

①梳毛。
②润湿身体，热水调至 38 摄氏度左右。
③用猫咪专用的浴液洗澡，不要忘了清洗臀部和尾巴。
④不要用水直接冲洗脸部和下巴，要用挤有浴液的海绵清洗。
⑤将浴液彻底冲掉。
⑥用毛巾擦干水。
⑦一边梳毛一边用吹风机吹干，不要长时间吹同一部位。
如果在第①步发现脱毛或皮肤异常，就不要洗澡。

短毛猫可以用热毛巾

短毛猫也有无法舔到的地方，那就是脸部。不过猫咪会用舔过的爪子清洁脸部，保持干净。

我可不喜欢水。

2

不喜欢洗澡的猫咪用
热毛巾擦

强迫猫咪洗澡会让猫咪有压力。如果只是略脏，可以用热毛巾擦拭全身。

洗澡前梳毛

通过梳毛除去多余的毛发时，如果发现脱毛或皮肤方面的异常，就不要洗澡，要前往动物医院就诊，看看是否有必要治疗，以及能否洗澡。市面上有专治皮肤病的沐浴露。

3

可以交给美容师

如果猫咪连湿毛巾都不喜欢，但身体又很脏，可以带到宠物美容院洗澡。

给幼猫洗澡

据说猫咪讨厌水的原因之一是毛发很难晾干。洗澡会成为猫咪的负担，应该在出生后 7 个月具备一定体力时再开始洗澡。

日常照料　**接受绝育手术**

不良行为会减少

公猫在和其他猫咪争夺地盘时极具攻击性，却非常喜欢和人类撒娇，不知道这是为什么。如果在出生后 6 个月左右接受绝育手术，公猫的攻击行为和做记号的举动会大幅减少，但与人类的相处方式不会有什么变化。

绝育手术的另一个好处就是可以预防生殖系统的疾病。但是由于激素失衡，猫咪的基础代谢率会降低，很容易发胖，所以要根据体型变化调整食量，建议趁着绝育手术将幼猫猫粮替换为成猫猫粮。

接受绝育手术后的猫咪不用吸引异性，做记号的行为会减少，大多变得更加沉稳。

威风凛凛的我.

1

建议出生后半年接受手术

建议在猫咪第一次发情期（性成熟）前，即出生后半年左右接受绝育手术。由于是在性行为和做记号开始之前，可以预防喷尿。

6 个月

接受绝育手术的标准

接受绝育和避孕手术的猫咪需要年满 6 个月，体重在 2.5 千克以上。过小的猫咪体力不支，手术会给身体带来过重的负担。

像男子汉吗？

公猫的发情

公猫的发情行为严格来说不能叫"发情"。它们是在母猫发情的带动下做出了相应举动，包括喷尿、粗犷高亢的鸣叫声、总想摩蹭生殖器等。

2

3 岁左右接受手术会保留横宽脸型

"横宽脸型"是公猫的特征，有人就喜欢这样的脸型。没接受绝育手术的公猫到了 3 岁左右脸颊开始鼓胀，形成横宽脸型，体格也更加健壮。此时再接受绝育手术，公猫会保留这种更有雄性特征的脸型。

3

了解绝育手术

绝育手术是全身麻醉的外科手术，因此无法避免麻醉的后遗症或健康状况急转直下的风险，要在动物医院听取详细说明后再做决定。

你说谁胖？

手术的流程

手术前 1～2 周，要检查猫咪是否能接受手术、是否身患疾病。手术前一天，为了防止术中呕吐导致窒息，不能给猫咪吃任何东西。公猫的手术 15 分钟左右就能结束，当天即可出院。母猫的手术一般持续30 分钟，有的需要住院 1～2 天。术后 1 周拆线。

日常照料 **接受避孕手术**

患病风险大幅降低，寿命相对延长

　　母猫对占领地盘没那么执着，因此攻击其他猫咪或做记号的行为比公猫少。一般情况下，母猫的戒备心比公猫更强，有的母猫对主人也不会撒娇。这样的性格几乎不会因避孕手术而发生变化。

　　接受避孕手术后，母猫不会再发情，卵巢和子宫不会患病，乳腺癌的发生率也会降低。生殖系统的代谢减缓会导致母猫容易发胖，因此需要重新调整食量。

　　母猫只要交配，怀孕的几率几乎是100%。
　　如果没有繁殖的必要，一定要接受避孕手术。

窝里横的我。

1

尽早手术，半年以内

有研究表明，如果母猫在第一次发情前接受避孕手术，会减少患乳腺癌的风险。应该让母猫在出生后半年以内接受避孕手术。

了解避孕手术

避孕手术会摘除母猫的卵巢和子宫，术前流程与公猫的绝育手术相同。绝育手术的费用在1～3万日元，避孕手术费用更高，需要2～5万日元。

2

相貌变化很小

母猫的相貌几乎不会受避孕手术的实施年龄影响。不过术后由于不会再有发情等生殖系统上的消耗，身心负担随之减少，所以会和公猫一样，变得容易发胖。

手术前

手术后

胖了吗？

做了手术很可怜？

也许有人会认为"不能再交配了很可怜"，但如果母猫不接受手术，一到发情期就会寻找异性，在没有公猫的情况下束手无策，那样更可怜。

3

发情时手术风险太高

发情时的子宫处于肿胀状态，摘除比平时更大的子宫风险极高，最好让猫咪在发情期结束之后再接受手术。

怀孕要有计划

发情期的到来呈周期性。如果决定不让猫咪接受避孕手术，就要寻找合适的对象，有计划地选择怀孕时间。1~6岁是猫咪的适孕年龄，由于怀孕和分娩都是赌上性命的大事，考虑到母体的负担，不建议让高龄猫咪怀孕。

能帮助猫咪抗衰老吗？

从7岁开始

　　人们都希望自己的爱猫始终保持健康与活力。身体的衰老虽然无法阻止，但可以减缓衰老的速度。

　　首先要提供符合猫咪年龄的优质饮食，其次，在考虑猫咪体力衰弱的基础上，帮助猫咪进行适当的运动，与猫咪更深入地交流。猫咪年轻时必须进行上下运动，进入老龄后可以替换为使用玩具的地面游戏。重新调整生活环境，减少猫咪的压力也十分重要。为了抵抗衰老，猫咪和人类要做的事是一样的。

　　帮助猫咪抗衰老，是指通过饮食和其他方面
　　的照顾减缓猫咪身体的衰老速度。

1

交流也会影响寿命

和猫咪交流也是抗衰老的方法之一。在交流中，可以通过猫咪的行为判断身体的不适，有助于尽早发现疾病。

理解猫咪的心情
猫咪的感情表达十分克制，但又会通过行为举止和叫声向主人传达心情，要满怀爱意和耐心地理解猫咪的想法。

注意不要用力过猛
用力过猛有可能伤害猫咪。如果猫咪看起来不太情愿，就要减小力道，触及猫咪舒服的部位时再适当加力予以刺激。

2

只要猫咪愿意，按摩也是有效方法

按摩可以改善血液循环，让氧气和营养遍及身体的每个角落。如果猫咪觉得舒服，能达到放松的效果。

这里是天堂吗?

3

运动不足的猫咪，肌肉力量容易下降

猫咪的活动量从 2～3 岁就开始减少，所以肌肉力量很容易下降，也容易发胖，要用猫咪喜爱的玩具让它们动起来。

怎么会这样……

左右运动优于上下运动
肌肉力量衰退的老猫尤其容易摔倒，要避免上下运动，选择能在地面上完成的游戏。

在灾难中保护猫咪

近年来，地震和洪水等大规模灾害相继发生。为了在紧急时刻保护爱猫，需要在平常就做好准备。

发生灾难时，猫咪有可能陷入恐慌，躲藏起来。在东日本大地震时遇到过这种情况的主人中，有人在平时的地震警报鸣响时给猫咪喂零食，不断进行唤回训练。提前设想避难生活，让猫咪练习进入笼子或不怕他人，十分重要。

物资储备也要做好。根据日本环境省发布的《宠物灾害对策》，排在第 1 位的是具有治疗功能的猫粮、药品、食物、够喝 5 天以上分量的水、备用项圈、餐具和胶带，第 2 位是主人的联络方式、宠物照片、疫苗接种情况、健康状况和常去医院的联络方式，第 3 位是宠物尿垫、处理排泄物的工具、如厕用品（常用猫砂）、毛巾、梳子、玩具和清洗网等，要放在好拿的地方。此外，日常的健康管理、配备信息卡或卫星芯片，以及家人间的沟通也很重要。

第 4 章

猫咪愿意接受的
身体接触

喜欢那些不做讨厌之事的人

关键在于了解猫咪喜爱的距离感

喂养猫咪的人都希望得到猫咪的喜爱，但不知不觉可能就做了让猫咪讨厌的事。

紧抱在怀中蹭脸、没事却呼唤名字、突然发出巨大声响、一个劲儿地抚摸——猫咪很讨厌这类举动。一旦无法自由活动身体，或是被吓了一跳，猫咪就会失去平静。

猫咪喜欢动作轻缓、不让它们受到惊吓且说话温柔缓慢的人。

猫咪喜欢能够悠闲午睡的空间。如果有人在周围制造巨大声响，或做出夸张的动作，猫咪就无法平静下来。

这声音我喜欢，喵~

1
猫咪喜欢女性吗？

猫咪的性别和人类的性别没有特别明显的投缘组合，只是男性容易发出猫咪讨厌的巨大声音或做出大幅度的动作，要特别注意。

极乐.

让猫咪平静的举动

猫咪容易喜欢上语气沉稳、声音清亮、言谈柔缓的女性，不过男性只要能保证猫咪的自由，也会得到猫咪的喜爱。

怎么了？

2
与猫咪对视

和猫咪说话或抚摸猫咪时，最好蹲下身并与其对视。从上方俯瞰猫咪的人在猫咪眼里是十分可怕的，因为猫咪的视线比人类低很多。

这样的事也不喜欢

在猫咪吃饭或清洁毛发时触碰会让它们无法平静下来，猫咪不喜欢这样的行为。

3
迎合猫咪的性格

有的猫咪是喜欢人类多逗它们的"快逗我"，有的则是喜欢孤独的"别理我"。一起生活的猫咪究竟是哪种类型，要观察猫咪被抚摸时的反应和平时的行动，选择合适的相处方式。

放过我吧.

立刻舔舐被摸的地方

一旦被摸就立刻走开并舔舐——这是"别理我"的常见行为。一个劲儿舔舐是为了尽早消除气味。

想更了解猫咪的性格

猫咪的性格比人类更丰富

猫科动物可以独自狩猎，因此并不群居，而是单独生活。从祖先那里继承单独行动习惯的猫咪很少与他者协作。

尽管如此，有时候猫咪也会顾虑他者并做出配合。例如将到手的猎物拿给主人，恐怕是想让愚笨的主人练习狩猎，与母猫训练幼猫的心情相同。

猫咪的性格虽然很难把握，但可以将摆动尾巴、伸平耳朵等信号当作线索，了解猫咪的心情。

我一个人就能过日子.

1

活泼的猫咪与安静的猫咪

阿比西尼亚猫、俄罗斯蓝猫等苗条的短毛猫较活泼，波斯猫、缅因猫等长毛猫相对安静。

成年后也喜欢玩耍

阿比西尼亚猫往往是活泼的淘气鬼，运动神经发达，成年后也喜欢玩耍。

打起精神来呀.

我很精神啊.

2

幼猫时期尽量和父母兄弟一起生活

猫咪出生后 3～7 周是学习能力最强的时期，要和父母兄弟一起生活，学习所有本领。最好在 8 周以后再前往主人身边。

不能带回刚出生的幼猫

为了让幼猫掌握生存技能，要等到它们出生 8 周后再带回家。

让我在这里再待一阵.

3

会受父母影响吗?

有说法认为，猫咪会从父亲身上继承攻击性，而母亲怀孕期间受到的精神压力会影响下一代。

父亲　　母亲

孩子

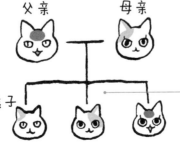

幼猫出生后怎么办?

母猫和主人都会自然而然地照顾幼猫。在喂养多只猫咪的家中，有的猫咪会嫉妒幼猫，妨碍主人照顾，或出现攻击行为。因此在幼猫出生后，也要像往常一样陪其他猫咪玩耍。

猫咪能够接受的玩耍方式

一起玩耍保持肌肉力量

陪猫咪玩耍非常重要，既可以避免猫咪运动不足，又能增进人和猫的交流。

玩耍方式需要根据猫咪的年龄做出变化。趁猫咪年轻要尽量多陪它们玩耍，让猫咪在精神上和身体上都能得到锻炼，健康成长。随着年龄增长，猫咪对玩耍的兴趣会逐步减退，为了保持肌肉力量，要在条件允许的范围内继续和它们玩耍，可以在玩具和玩耍方式上多下功夫。

每次5~15分钟就够了，尽量多和猫咪玩耍。1~2岁的年轻猫咪每天都要玩耍，直到10岁左右还要经常玩耍。

1

引入上下运动

猫咪喜爱符合狩猎本能的游戏。在让猫咪抓取玩具时，可以加入上下运动。要让玩具看起来像猫咪的猎物，可以藏在阴影处，或是突然停止摆动，要想方设法引起猫咪的注意。

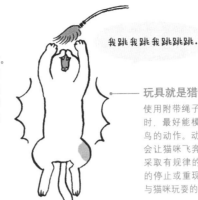

我跳我跳我跳跳跳。

玩具就是猎物

使用附带绳子的玩偶或逗猫棒时，最好能模仿老鼠、昆虫或鸟的动作。动作迅猛地滚球也会让猫咪飞奔出去。总之不能采取有规律的动作，意料之外的停止或重现猎物的行为才是与猫咪玩耍的要点。

用光玩耍

除了用镜子反射光线，还可以用手电筒或激光笔和猫咪玩耍。将光线照射在墙壁或地板上，猫咪的反应会更快。不过猫咪很容易沉迷于这类游戏，要事先收好周围的物品。激光笔的光线一旦射入猫咪的眼睛，极其危险，所以不要直接照在猫咪身上。

2

用新玩具带来刺激

同一个玩具有可能让猫咪厌倦，失去兴趣。这时就要准备新玩具，给猫咪带来刺激。

这里吗!
这里吗!

3

注意别让猫咪误吞玩具

注意不要让猫咪误吞可以咬断的柔软物体或细小部件，无论什么玩具都不要放在外面不管。

禁止这样玩耍

猫咪是很自我的动物，不能在它们厌倦时仍强迫其玩耍，也严禁一边做其他事情一边和猫咪玩耍，可能会因为没有注意猫咪的状态而引发意外事故。

抚摸身体的同时得到治愈

享受和猫咪的交流

　　抚摸猫咪的身体可以促进人与猫的亲密接触，还能尽早发现疾病，如身体是否有肿胀、是否脱毛等。这样的行为不仅猫咪喜欢，也是主人得到治愈的幸福时光，要事先了解猫咪被人抚摸时的喜好。

　　没完没了地抚摸是大忌。猫咪的心情转变很快，也有猫咪不喜欢被抚摸。要注意观察猫咪的样子，动作要温柔。

"摸着摸着突然被猫咪咬了一口"，这是猫咪
在表达内心的烦躁不安，要立刻停止抚摸。

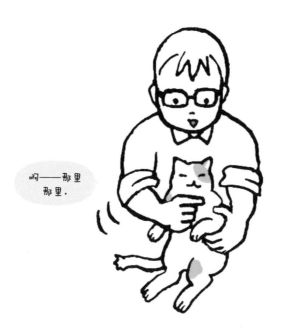

1

"抚摸"与"舔舐"相同

对于猫咪来说,相互舔舐是亲密的表现。抚摸猫咪时,如果能模仿舌头的动作,猫咪会非常喜欢。抚摸时应该用指肚,动作要轻柔缓慢。

治愈效果
身体接触可以让人和猫咪都平静下来。每天接触能构筑起双方的信任关系。

好痒.

2

不要没完没了

如果猫咪开始左右摇晃尾巴,耳朵也向后倒去,这是"不要再摸了"的信号,一定要在猫咪厌烦之前停手。

常见的禁忌
要避免在猫咪清洁毛发或进餐时抚摸,这时的猫咪不愿意被触碰。

糟糕!

你想摸到什么时候?

3

喜欢的部位,讨厌的部位

一般情况下,猫咪喜欢被抚摸的部位有脸部、颈部四周和背部,而几乎所有猫咪都讨厌腹部、爪尖和尾巴等要害处被抚摸,因此不要尝试。要找到猫咪喜欢的部位,重点抚摸那里。

都记清楚了吗?

不被猫咪讨厌
猫咪喜欢抚摸时不发出过大的声音、动作十分轻柔的人。猫咪的性格也会起到决定作用。爱撒娇、孩子气的猫咪更喜欢被抚摸。

喜欢 ♡

禁止!

如何让猫咪喜欢被抱？

有的猫咪一辈子都讨厌被抱

　　猫咪基本上都讨厌被抱，只有少数会喜欢，因为一旦身体被束缚，就无法在发生情况时立刻行动。错误的抱猫方式也会让猫咪厌烦。当猫咪靠近时，要采取让猫咪的身体安稳的方式，托着猫咪的下半身将其抱起。将猫咪抱在怀中贴紧、抚摸，可以让猫咪的血压和心律稳定下来。这也是刷牙和剪指甲时常用的姿势，要让猫咪习惯。

　　不要将猫咪像毛绒玩具一样抱在怀中，一定不要勉强不喜欢被抱的猫咪，那会让它们越来越感到厌恶。

抱一下就好哦。

1

抱猫之前要打声招呼

即使猫咪走到身旁，如果突然抱起，猫咪也可能受到惊吓、挣扎，一不小心还会摔到地上。所以每次在抱猫之前都要打声招呼，比如呼唤猫咪的名字。渐渐的，猫咪也会意识到"要抱我了"。喜欢被抱的猫咪听到招呼或许会非常欣喜。

叫我吗?

让讨厌被抱的猫咪逐渐习惯

如果猫咪讨厌被抱，可以从放在大腿上开始。通过玩具吸引猫咪坐在大腿上，一点点让猫咪习惯被抱。站着抱起讨厌被抱的猫咪有可能导致其在挣扎时摔落，要坐下抱猫。

不要抱太紧哦.

2

像包裹般拥抱

双手从猫咪的腋下抱起后，要立刻用单手托住猫咪的腰部下方，像包裹一样抱住猫咪，让猫咪平静下来，不要猛地抱紧。

―― 关键在于贴紧身体

抱猫时要贴紧猫咪的身体，猫咪会更放松。

3

禁止只揪颈部或只抱上半身

揪住颈部可能导致猫咪摔落，十分危险。将双手深入猫咪腋下只抱上半身会让猫咪的身体摇摇晃晃，给它们造成负担。

快放下我.

―― 注意"已经够了"的信号

就算抱得很舒服，猫咪也会不知不觉厌倦。如果发现猫咪的尾巴左右摇摆等信号，就要轻轻放下。

温柔地呼唤猫咪

猫咪难以区别人的声音

　　人类用语言交流，但猫咪不懂人的语言。那么，人类的声音在猫咪听来是什么样的呢?

　　猫咪很难区别辅音，往往通过元音来判断呼唤的内容，因此很难辨别"爸爸"和"妈妈"，"奇奇"和"吉吉"这类元音相同的词。喂养多只猫咪时，取名时要考虑到这一点。

　　猫咪通过元音区别人的声音。呼唤猫咪的话语或给猫咪取的名字要简短，声音不要太大。

1
简短的名字更容易记住
复杂的长名字，人和猫都难以记住，要给猫咪取容易记住、容易听懂的简短名字。

小玉

小虎

小斑

简短的名字更受欢迎
在日本，猫咪有哪些常见的名字呢？根据 2015 年的调查，第 1 名是小空，第 2 名是雷欧，第 3 名是小桃。简短的名字似乎更受欢迎。（anicom 财产保险，2015 年 2 月调查。）

2
避免声音过大
呼唤猫咪时，声音过大会吓到猫咪。要用所谓的"抚猫之声"，不要用低音，而是用高音温柔地呼唤猫咪。

了解猫咪讨厌的事情
猫咪讨厌突然移动的物体和巨大的声音。没事却不断呼唤名字也会让猫咪感到厌烦。

什，什么啊？

3
多和猫咪说话，增加心灵沟通
即使不明白话语的意思，猫咪也乐意听到主人呼唤，为了增进交流，要多和猫咪说话。

也有认生的猫咪
有的猫咪怎么都无法习惯和人类相处。猫咪在出生后 3 ~ 7 个月开始具备社会认知，如果此时不习惯与人类亲近，就容易认生。如果猫咪与人相处一段时间后仍然无法习惯，可能是个性的原因，只能放弃。

在叫我吃饭吗？

对于猫咪来说，揉肉垫是……

肉垫是全身唯一的出汗部位

猫咪爪子底部的肉垫柔软而富有弹性，很多主人都喜欢其手感。肉垫上没有毛发是为了防滑，性能像坐垫一样，可以缓解从高处跳下时的冲击，还能保证猫咪在偷偷靠近猎物时不发出脚步声。

爪子前端是猫咪的敏感部位。按摩揉搓肉垫时要观察猫咪的反应，如果猫咪不太乐意就不能勉强。

肉垫之间长有毛发，短毛猫可以不用理会，但长毛猫可能会因此在地板上打滑，剪掉更放心。

凑近脸部要适可而止

过度的亲密接触可能带来疾病

　　猫咪可能会传染给人类的疾病称为人畜共通传染病（zoonosis），蛔虫是其中的代表。猫咪在清洁毛发时会舔舐肛门附近，如果此时已经感染蛔虫，猫咪的嘴边有可能粘上虫卵。用脸颊蹭猫咪的脸部或亲吻猫咪，就可能感染蛔虫。检查猫咪的大便可以判断是否有蛔虫，发现后要到动物医院开驱虫药。

　　大人能够理解危险性，但孩子一旦对猫咪产生兴趣，就会过度靠近，可能传染疾病，要特别注意。

有什么事吗？

喂养多只猫咪的要点

性别和血缘关系等是能否投缘的判断标准

喂养多只猫咪时，要特别注意组合方式。最佳情况是从出生起就形影不离的母子或兄弟姐妹。公猫和儿子往往无法和平共处，但和女儿可能没什么问题。仅次于血缘关系的组合是公猫和母猫，然后是母猫群体。

无论什么样的组合，迎来新的猫咪都是缘分。如果在喂养多只猫咪前感到不安，可以找兽医商量。

新来的猫咪可能给原有的猫咪造成压力。主人要综合考虑居住空间、经济条件和时机等各方面因素后再做决定。

我们可是一家人。

1

避免公猫 × 公猫、幼猫 × 老猫的组合

公猫之间极可能发生地盘争端，最好避免。淘气的幼猫也许会给老猫带来压力。

跟我玩，跟我玩。

优先考虑原有的猫咪
喂养多只猫咪时，优先考虑原有猫咪的性格和年龄，尽可能设置 1～2 周的适养期，判断猫咪间是否合得来。

到底是不是同伴呢？

2

猫狗顺序十分重要

如果家里已经有狗，迎来幼猫会十分顺利，但成年猫咪需要先设置避难场所，让其慢慢习惯。如果先有猫咪，迎来狗或许会十分困难。

狗带来的压力
狗和猫咪在一起时一般不会在意，但猫咪天生怕狗，恐惧感会转变成压力。

3

"每到 7 岁" 开始考虑离别

如果喂养多只猫咪，活着的爱猫会为主人治愈失去宠物的痛苦。猫咪的平均寿命是 15 岁，可以在大约一半，即有猫咪达到 7 岁时迎来新的成员。喂养的多只猫咪中如果有 1 只离世，其他猫咪也会感到不安和寂寞，要尽量多陪伴它们。迎接新的猫咪也是一种有效的方法，但要注意性别和年龄。

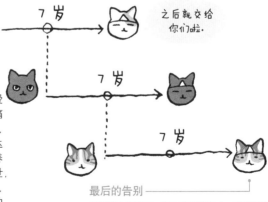

7 岁　之后就交给你们啦。

7 岁

7 岁

最后的告别
爱猫踏上归途后，有 3 种安葬方式：①宠物陵园。②自治体[①]。③自家宅院。可以在网上查询各种方式的相关情况。

①日本各自治体相关部门会免费或收费处理宠物遗体，包括火葬、安葬等，各地规定有所不同。

有益的零食与危险的零食

喂养猫咪基本只需要猫粮就够了，但不少主人都想给猫咪提供猫粮以外的食物。笔者推荐鸡胸肉，不加盐和其他调味料，水煮片刻后撕成容易进食的大小即可。牛肉和猪肉也一样，只要不加调味料煮熟就没有问题，但鸡肉相比之下脂肪低、蛋白质含量高，猫咪吃了之后不易发胖。

很多人都喜欢用小鱼干当猫咪的零食，但要注意量。也许有人认为 10 条应该没问题，但猫咪的体重约为 3 千克，假设一个成年人的体重为 60 千克，前者是后者的 1/20，所以给猫咪 10 条小鱼干相当于给一个人 200 条小鱼干，这是吃不完的。喂猫咪时先想想自己能否吃下 20 倍的量，自然就会多加注意了。

第 5 章

舒适猫咪居所的
解剖图鉴

创造舒适的房间环境

好房间的标准因年龄而异

　　给猫咪创造安全舒适的环境是主人的责任。对于喂养在室内的猫咪来说，"家"就是"世界"，要用心不让猫咪有压力或受伤，注意图中的要点，创造出人猫可以共存的房间。要点会根据猫咪的年龄发生变化，猫咪年轻时多待在高处，但到了13～14岁以后，肌肉力量下降、腰腿衰弱，会主要在地面生活，可以参考第136页的内容营造出无障碍环境。

　　在了解猫咪习性的基础上，用心创造舒适的生活环境。

不必客气哦.

为猫咪创造舒适的房间

无论哪个年龄段的猫咪都会啃咬电线，会对人类的食物产生兴趣。幼猫的好奇心尤其旺盛，更要注意收好细小物品。如果家中有老猫，要消除高处空间和高低差，进行无障碍改造。

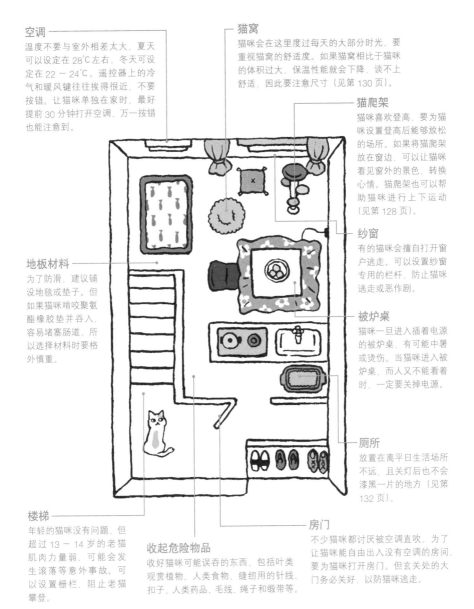

空调

温度不要与室外相差太大，夏天可以设定在 28℃左右，冬天可设定在 22 ~ 24℃。遥控器上的冷气和暖风键往往挨得很近，不要按错。让猫咪单独在家时，最好提前 30 分钟打开空调，万一按错也能注意到。

猫窝

猫咪会在这里度过每天的大部分时光，要重视猫窝的舒适度。如果猫窝相比于猫咪的体积过大，保温性能就会下降，谈不上舒适，因此要注意尺寸（见第 130 页）。

猫爬架

猫咪喜欢登高，要为猫咪设置登高后能够放松的场所。如果将猫爬架放在窗边，可以让猫咪看见窗外的景色，转换心情。猫爬架也可以帮助猫咪进行上下运动（见第 128 页）。

纱窗

有的猫咪会擅自打开窗户逃走。可以设置纱窗专用的栏杆，防止猫咪逃走或恶作剧。

地板材料

为了防滑，建议铺设地毯或垫子。但如果猫咪啃咬聚氨酯橡胶垫并吞入，容易堵塞肠道，所以选择材料时要格外慎重。

被炉桌

猫咪一旦进入插着电源的被炉桌，有可能中暑或烫伤。当猫咪进入被炉桌，而人又不能看着时，一定要关掉电源。

厕所

放置在离平日生活场所不远，且关灯后也不会漆黑一片的地方（见第 132 页）。

楼梯

年轻的猫咪没有问题，但超过 13 ~ 14 岁的老猫肌肉力量弱，可能会发生滚落等意外事故。可以设置栅栏，阻止老猫攀登。

收起危险物品

收好猫咪可能误吞的东西，包括叶类观赏植物、人类食物、缝纫用的针线、扣子、人类药品、毛线、绳子和缎带等。

房门

不少猫咪都讨厌被空调直吹，为了让猫咪能自由出入没有空调的房间，要为猫咪打开房门。但玄关处的大门务必关好，以防猫咪逃走。

创造让猫咪不会误食的环境

　　室内对猫咪来说危机四伏，尤其是叶类观赏植物和插花。猫咪吞食后会中毒的植物极多，目前已经确认的就有 200 ～ 300 种。百合科植物的毒性最强，常春藤类、石柑子、一品红、水仙、风信子等也必须注意，还有很多植物不知道是否有毒，最好不要放在猫咪居住的房间中。其余危险物品也要隐藏起来，或套上保护材料。

　　猫咪吞食某些植物后会中毒，损伤皮肤和脏器。还有很多东西不知道是否有毒，最好不要放置。

1

给电线套上防触电外套

很多猫咪都喜欢啃咬电线。如果糊里糊涂任其啃咬，猫咪就会触电。无法隐藏的电线要套上保护套。

好像很有趣啊.

斥责不会有效

斥责猫咪啃咬电线，只会给猫咪留下遭到呵斥的不愉快记忆，不能解决问题。

2

快给我呀.

不要把人类的食物和药物放在桌上

有些人类的食物对猫咪来说是非常危险的（见第154页），也禁止把人的药物放在外面，有些药物即使少量也可能致命。

高度危险的药物与营养品

含有"对羟乙酰苯胺"成分的头痛药和感冒药会引起猫咪重度贫血甚至呼吸困难。含有硫辛酸的营养品，1粒就可以夺去猫咪的性命。

3

收拾房间

一旦和猫咪一起生活，就会经常遇到"头疼"的事，比如东西被破坏、被碰落等。不能在房间中摆出会让人"头疼"的物品，防患于未然十分重要。

要收起来了吗?

收进猫咪够不到的地方

猫咪可能会用皮靴等皮革制品来磨爪，造成划伤。损坏了会让人头疼的东西要收进猫咪够不到的带门柜子中。

用笼子喂养的注意事项

比起宽敞，高度优先

喂养精力旺盛、调皮捣蛋的幼猫，或是要出门但无论如何都不能让猫咪无人看管，遇到这些特殊情况时，可以将猫咪喂养在笼子中。在室内空间允许的情况下，笼子越大越好。猫咪喜欢上下运动，要选择足够高、猫咪可以上蹿下跳的笼子。

在材质方面，最理想的是铁笼子或塑料笼子，猫咪攀登时就不会勾住爪子。若喂养多只猫咪，关系亲密的可以放在同一个笼子里，关系不好的要分别放置。

喂养容易陷入困境的幼猫，在工作室养猫，要做针线活，或者需要让猫咪短时间看家……很多情况都要用到笼子。

1

必备厕所、水、餐具

猫咪不习惯在厕所附近进餐，因此两类用具要分别放置，比如笼子的2层放水和食物，1层放厕所。

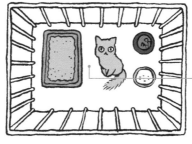

禁止放在笼子里的物品

不要把暖气设备放在笼子里。猫咪一旦长时间睡着，可能会发生低温灼伤。

看家时使用的笼子

幼猫单独在家，房间里满满的都是能勾起幼猫好奇心的物品，危险重重。无法收起物品时，让猫咪在笼子中看家也是一种办法。

2

不要放在阳光直射或漆黑一片的地方

不要将笼子放在阳光长时间直射的地方，也不要放在卫生间等入夜后漆黑一片的地方，可以选择夜晚仍有些许光亮的起居室。

3

不要放入可吞咽的小型玩具

放入笼中供猫咪独自玩耍的玩具要注意大小，不能放置一不小心就会吞下的玩具，要选择大球或粗绳子等安全的物品。

缎带也要注意

注意小球或缎带等玩具，一旦吞入很容易堵塞肠道，需要开腹手术才能取出。

用猫爬架创造猫咪喜爱的空间

创造登高场所，让猫咪适度运动

猫咪喜欢高处。在野外生活时，猫咪会爬上树木等高处来自我保护和寻找猎物。

在高处提供猫咪活动的空间，既符合猫咪的习性，也可以避免运动不足。可以将家具等设置成阶梯状，但猫爬架更理想。如果是自家住宅，建议在房间的较高位置架设被称为"cat walk"的狭窄通道（梁）。

对于喜欢高处的猫咪来说，猫爬架能够用于
上下运动，也可以变成休息的场所。

今天也一切正常.

1 放在能看到窗外的地方

将猫爬架放在窗户旁边，符合猫咪喜欢从高处监视四周的习性，眺望窗外的景色还会让猫咪转换心情。

喜欢眺望窗外

对于室内喂养的猫咪来说，窗户是通向外部世界的唯一途径。许多猫咪都喜欢眺望窗外，这样的设置会让猫咪不再无聊。

2 也可以变成休息场所

极乐啊.

市面上的猫爬架一般都附带猫咪可以轻松进出的盒子或床铺，种类丰富多彩。高处是猫咪的安全之所，能让猫咪气定神闲。

让猫咪利用家具运动

若无法放置猫爬架，可以将组合式储物箱或椅子等家具摆成阶梯状，让猫咪能爬到书架或衣柜上方。

3 自制猫爬架要保证足够耐用

自制难度较大

如果不专业，很难制作出结实的猫爬架，不要勉强，最好委托工坊等。

猫咪跳上猫爬架或者"cat walk"时会产生较大的冲击力。为了不让猫咪受伤，要制作出跳上去也不会损坏的结实物件。

你确定没问题吧?

了解猫咪对床的喜好

为猫咪选床

　　猫咪 1 天中的大部分时间都在睡眠中度过，所以要给猫咪提供舒适的床。猫咪对床各有偏好，季节和年龄的变化也会影响喜好。无论多贵的床，是否中意也要由猫咪决定。可以在房间中放置若干可以当床的物品，观察自家猫咪到底喜爱什么材质和形状。若喂养多只猫咪，要为每只猫咪单独准备床。在床或盒子中塞入猫咪喜欢的毛毯可以让猫咪安心。

　　猫咪睡觉的地方不仅限于猫床，还包括沙发靠背、
要洗的衣物和家电用品上等。

……好硬.

1

放在视线范围内安静的地方

为了让猫咪享受舒适的睡眠，要选择能让猫咪放松的安静场所。同时，为了能够迅速察觉猫咪的身体变化等情况，最好将床放在目光所及的地方。

要安静哦.

什么是舒适的床

猫咪的爱好各有不同，但床的大小最好能恰到好处地包裹住猫咪的身体。床过大会导致保温性能下降。

这个不赖.

2

创造凉爽与温暖的场所

夏天要避开阳光持续直射的地方，并放上清凉垫。要让猫咪能自由移动到凉爽或温暖的地方。

选床标准

猫咪喜欢将温度和湿度都恰到好处、安静又安全的地方当作床。夏天会寻找通风良好之处，冬天会寻找温暖之所。

3

有可能误吞羊绒或羊毛

在床上铺毛巾或毛毯是个好办法，但有的猫咪会误吞羊绒或羊毛。如果猫咪一个劲儿啃咬，就不要放。

噢呀~

不容易造成低温烫伤的汤婆子

建议用汤婆子作为猫咪的防寒用品。比起暖气设备，汤婆子造成低温烫伤的危险系数较低。

猫咪喜欢的厕所

讨厌臭气熏天

　　能让猫咪舒适排泄的厕所到底是什么样的呢？长度最好是猫咪头部到臀部的 1.5 倍，越大越好，深度以猫咪排泄完毕刨猫砂时难以溅出为佳，猫砂的量要足够遮盖排泄物。

　　带有顶棚的厕所，气味难以扩散，且由于排泄中的猫咪毫无防备，若是能轻易逃出厕所，猫咪会更加安心，所以要选择没有顶棚的厕所。

为了便于清扫和除味，主人都会选择系统式厕所（system toilet），但有的猫咪会很不情愿用。

1

厕所个数为猫咪数量 +1 个

夜间或主人外出时，清扫厕所的频率会降低。为了让猫咪愉快地排泄，最好多准备 1 个厕所。

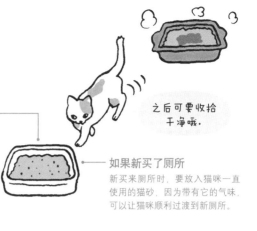

之后可要收拾干净哦。

为老猫消除高低差
老猫关节衰弱，有时会难以跨过厕所边缘。可以在厕所前方放置斜坡状物体，让如厕变得更容易（见第 136 页）。

如果新买了厕所
新买来厕所时，要放入猫咪一直使用的猫砂。因为带有它的气味，可以让猫咪顺利过渡到新厕所。

2

尽可能使用类似砂子的猫砂

野猫喜欢砂地上的砂子。市面上有各种各样的猫砂，最好选用接近自然状态的矿物类猫砂。

这个不错呀。

可以尝试多种猫砂
猫咪各有喜欢的触感，可以尝试多种猫砂。

3

放在离日常生活空间不远的地方

在人经常走动的地方，或是洗衣机等发出巨大声音的物体旁边，猫咪会无法安心排泄，要把厕所设置在离日常生活空间不远的地方。

放在有亮光的地方
最好不要放在关灯后漆黑一片的地方，就算猫咪的夜视能力再好也看不见。

放置猫咪喜爱的猫抓板

放置猫抓板，让猫咪和人都享受舒适生活

无论怎么剪指甲，磨爪（见第58页）都是猫咪的本能，很难制止，但因此损坏重要的家具和墙纸等也很让人头疼。

为了让人和猫咪都能愉快地生活，需要准备猫抓板，最好放在皮制品或家具等猫咪爱做记号的物品旁，或者放在房间的角落里。市面上出售的猫抓板多种多样，可以多加尝试，选择猫咪喜爱的款式。

猫抓板的形状和材质多种多样，有的猫床边缘就是猫抓板，要选择猫咪喜爱的种类。

1

多试几种猫抓板

猫抓板的原材料有木头、纸箱、麻、地毯等，都可以让猫咪刺入指甲抓挠。猫咪各自的喜好不同，可以多试几种。

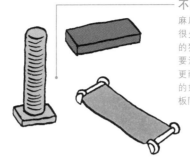

不同材料的区别

麻质猫抓板容易刺入，又很少产生残渣。纸箱制作的猫抓板价格便宜，但需要清扫残渣。木质猫抓板更耐用，但不如纸箱制作的好用。地毯制作的猫抓板同样耐用，但价格昂贵。

2

条件允许则多放几个

没有必须放置猫抓板的地方。如果有空间，可以在地上和墙上多放几个。

我要磨得更尖、更漂亮！

猫抓板的摆放场所

猫抓板可以放在不想被猫咪抓坏的家具旁或房间角落。撒上少量木天蓼，猫咪可能就会接受。

3

训练幼猫磨爪

带幼猫来到猫抓板前，握住其前腿像磨爪一样交替运动。由于猫抓板沾上了自己的味道，幼猫就会开始在那里磨爪。

这是什么呀？

定期更换

磨爪是为了磨掉旧指甲，长出新指甲。猫抓板使用时间一长，磨爪效果会变差，不起作用。

创造老猫能够轻松生活的房间

猫咪的无障碍环境

猫咪年轻时通过不断活动来锻炼骨骼和肌肉，因此必须为它们提供猫爬架等能够上下运动的空间。

但是，随着年龄增长，猫咪的肌肉力量不断下降，从高处掉下可能会意外受伤，十分危险。当猫咪到了 13 ~ 14 岁，即将步入老年期时，要撤掉猫爬架，让猫咪在地面生活，并通过消除高低差等方法，为猫咪重整生活环境。有的老猫即使从沙发等不怎么高的地方掉下来也会骨折。

猫咪的体力会随着年龄的增长而下降。但也有猫咪上了年纪仍活力十足，因此要结合猫咪的实际情况，为它们消除危险。

1

考虑猫咪的五感衰弱

随着年龄的增长，猫咪的视力、听力等五感也会衰弱。由于各项机能低下，猫咪会越来越难以把握周围状况，尽量不要改变它们的生活环境。

不要忽视征兆

如果无法与猫咪对视，猫咪可能已经失明。猫咪的叫声变大，可能听力已经衰弱。

这、这是哪儿？

2

调控室内温度

老猫难以调节自身体温，注意不要让窗边和房间中央出现温差，室内和室外的温差也不要太大。理想的室温为夏天 28℃，冬天 22 ～ 24℃。

请多多关心老人家啊。

还要注意湿度

冬季室内容易干燥，对猫咪不好，可以使用加湿器，保持室内 50% 左右的湿度。

3

注意高低差、猫爬架和楼梯

为了预防掉落等意外事故，要拿走猫爬架，并在楼梯前设置栅栏，以防猫咪在有高低差的地方上上下下。

禁止通行……

防止运动不足

由于不方便进行上下运动，老猫容易出现运动不足。为了让老猫增加运动量，可以替换成用玩具的游戏，还可以在游戏过程中观察到腿部拖拉等异常情况。

不要让搬家给猫咪带来压力

尽量减少环境变化

搬家是巨大的环境变化。从住习惯了的地方搬到新环境中，主人和猫咪都会感到压力。搬家时要多加小心，尽量别让猫咪有压力。

如果房间是新的，家具等物品也都是新的，猫咪就需要花上一段时间才能习惯。所以，餐具、厕所、猫爬架、毛巾等已经带有猫咪气味的东西要尽量使用原物。

不止餐具、厕所等猫咪的东西，家具也尽量不要买新的，带着原来家中的气味搬家。

总觉得氛围有点不同……

1

注意防止逃走

搬家时往往四门大开，猫咪有可能被搬运工人吓到而逃走，最好放在猫包里。

安顿好之前寄放在旅馆里

搬家永远都是人和物进进出出，忙手忙脚，会给猫咪带来压力。可以在安顿下来之前把猫咪寄放在宠物旅馆中。

今天人真多啊.

2

搬家后身体状况不佳应送医院

虽然有个体差异，但猫咪早晚会适应新居，少则几天，多则几周。环境的改变可能会导致食欲下降，要仔细观察猫咪，一旦状况不佳就要送到动物医院检查。

我可是很敏感的.

告知具体症状

将猫咪送到动物医院时，要告诉医生具体的症状，例如每天排泄的次数和多少，食量等，若有详细记录，医生更容易判断。

3

事先查好最近的动物医院

要做好猫咪因为压力而出现身体不适的准备。搬家前先查好新家附近的动物医院，才能更安心。

距离较近，方便易行

考虑到事态紧急或猫咪需要频繁看病的情况，动物医院距离新家的单程最好不超过 30 分钟。

用舒适的猫包外出

最好是上方打开的塑料猫包

　　带猫咪出门要使用猫包。市面上的猫包种类很多，但前往动物医院时，最好不要使用前面打开的猫包，而是用上方打开的，因为可以让医生从上部开口直接检查。塑料猫包不容易勾住猫咪的爪子，弄脏了也容易清洗。

　　要让猫咪提前适应猫包，万一发生灾害需要避难时，这样的练习十分有益。

也许还不错。

猫咪身体柔软，有可能逃走，因此不能像狗那样系着安全带外出，而是要使用猫包。

1

平时就放在屋中让猫咪习惯

如果只在前往医院时才将猫咪放在猫包中，猫咪就会对猫包十分警惕。可以平时就将猫包放在屋内，让猫咪认为那里是进去就能安心的地方。

看惯了的景象。

增加舒适度
猫包最好稍大一些，让猫咪在里面睡觉时也能伸得开腿，并且要铺上毛巾或毛毯。

2

坐电车要遵守礼节

男女老少都会乘坐电车，绝对不能在车厢内放猫咪出来。为了不给猫咪增加负担，要极力避免在高峰期乘坐电车。此外，乘坐电车前要购买行李票。

坐车出行
坐车出行时，要将猫咪放入猫包，并给猫包系上安全带。夏天车内有可能超过 50℃，如果要让猫咪在车内等待，千万不能关上空调。

3

在候诊室里不能放出猫咪

动物医院的候诊室里还有其他动物。如果猫咪害怕，可以用毛毯或毛巾盖在猫包上，挡住猫咪的视线。

我可不喜欢套近乎。

长时间使用猫包
在猫包内铺上宠物尿垫，乘车外出时，如果条件允许，每 1～2 小时放出猫咪，让猫咪休息一下。

饲主间的交流
在医院的候诊室中，可能会遇到抱有同样烦恼的饲主，是相互分担苦恼、交流信息的机会。

重温理想房间

①猫爬架

猫咪喜欢高处。为了避免运动不足，让猫咪上下运动十分重要。猫爬架要放在能看到窗外景色的地方。当猫咪到了13～14岁，肌肉力量下降时，就要移除猫爬架，转换成地面生活。

②猫包

为了让猫咪习惯进入猫包，平时就要将猫包放在房间中，选择上方开口而非前方开口的塑料猫包。

③厕所

准备较大较深、没有顶棚的厕所。猫咪喜欢类似砂子的猫砂。厕所的数量最好比猫咪的数量多1个，且放在离日常生活空间不远的地方，让猫咪放松排泄。

④桌面上

为了不让猫咪误吞东西或毁坏重要物品，要将桌面收拾干净。人类的食物和药品有可能给猫咪带来危险，要特别注意。

⑤凉爽的空间

有的猫咪在夏天不喜欢空调直吹，可以准备好清凉垫，还要让猫咪能自由移动到凉爽的地方。

⑥电线的外套

猫咪啃咬电线时可能会触电，要尽量把电线藏起来，如果实在无法隐藏，就要套上防触电外套。

⑦猫抓板

磨爪是猫咪的本能。为了不让猫咪在家具和墙纸上磨爪，要放置猫抓板。如果空间允许，可以放置多个。

⑧猫床

为了让猫咪拥有选择权，最好设置多个可以让猫咪睡觉的地方。最理想的是可以让猫咪安心且在主人视线范围内的位置。

第 **6** 章

关于猫咪的实用数据

猫咪的寿命与生命阶段

家猫平均寿命为15岁

　　平均寿命取决于生活环境，完全生活在室内的家猫约为15岁，往来于室内外的半家猫约为12岁，生活在室外的野猫为5～10岁。随着动物医疗水平的发展和饲主意识的进步，家猫的寿命还在不断延长，猫粮品质的提高也是主要原因之一。半家猫和野猫有可能遭遇交通事故或感染疾病，平均寿命比家猫短。

家猫、半家猫和野猫的平均寿命不同，猫咪与人类的成长速度也截然不同。

猫咪与人类的年龄换算表

猫的成长速度是人类的好几倍，出生 18 个月即相当于人类的成年，10 岁步入中老年，衰老的速度也比人类更快。

生命阶段	猫的年龄	人的年龄	必要照顾
幼猫期 最活泼的时期，学习猫的社会规则。	0～1 个月	0～1 岁	注意勿让猫咪误吞异物。检查身体和注射疫苗需要选择猫咪状态良好的日子，可能出现副作用，最好在上午接种疫苗。
	2～3 个月	2～4 岁	
	4 个月	5～8 岁	
	6 个月	10 岁	
青年期 站在成年的入口，迎来性成熟。母猫的性成熟时间为出生后的 5～12 个月，公猫为 8～12 个月。	7 个月	12 岁	接受绝育、避孕手术的时期（以出生满 6 个月、体重 2.5 千克为标准），猫粮也要从幼猫用换为成猫用。
	12 个月	15 岁	
	18 个月	21 岁	
	2 岁	24 岁	
成猫期 力量与体力最充沛的时期，野猫中的头目多为这一年龄段的猫咪。	3 岁	28 岁	精神和肉体最充实的时期，但仍需预防疾病，每年体检一次。
	4 岁	32 岁	
	5 岁	36 岁	
	6 岁	40 岁	
壮年期 体力逐渐下滑，在医疗水平达到如今的程度之前，这一年龄段被称为"年长期"。	7 岁	44 岁	
	8 岁	48 岁	
	9 岁	52 岁	
	10 岁	56 岁	
中年期 "年长期"始于这一年龄段，从 13 岁起，猫咪的眼睛、膝盖、爪子等部位开始出现衰老症状。	11 岁	60 岁	运动能力逐渐衰退，需要降低猫爬架的高度。容易患病，需要持续观察食欲、体重、饮水量，等等。
	12 岁	64 岁	
	13 岁	68 岁	
	14 岁	72 岁	
老猫期 悠然度过余生，但身体情况容易急转直下，应尽量避免环境变化或让猫咪独自看家。	15 岁	76 岁	应避免搬家或改变室内陈设等环境变化。更容易患病，在日常观察中发现再小的异常，也要前往动物医院。
	16 岁	80 岁	
	17 岁	84 岁	
	18 岁	88 岁	
	19 岁	92 岁	
	20 岁	96 岁	
	21 岁	100 岁	
	22 岁	104 岁	
	23 岁	108 岁	
	24 岁	112 岁	
	25 岁	116 岁	

参考资料：AAFP（美国家庭医生协会）、AAHA（美国动物医院协会）

选择动物医院的要点

选择猫咪压力较小的医院

许多猫咪都讨厌动物医院，并因此承受巨大压力。近年来，专门针对猫咪的医院在不断增加。

"猫咪友好医院"是经 ISFM[①]认证的、对猫咪友善的动物医院，符合国际标准。认证时会检查百余项内容，如猫狗的候诊室是否分开、是否有猫咪专用的诊察室等，按照满足程度来划分等级，可以作为选择动物医院时的参照标准。

对猫咪友善的动物医院正在不断增加，要选择适合自家猫咪的医院。

① International Society of Feline Medicine，即国际猫科动物医学会，总部位于英国，由相关专业人士创立，日本设有官方伙伴机构 JSFM（Japanese Society of Feline Medicine）。

主人和猫咪
都可以安心

动物医院查验表

请在选择动物医院时参考使用

- [ ] 候诊室、诊察室等医院环境干净整洁。

- [ ] 会向饲主详细说明病情及治疗、检查的情况。

- [ ] 对待猫咪温柔细致。

- [ ] 了解猫咪，知识丰富。

- [ ] 事先告知治疗或检查费用。

- [ ] 诊疗费明细简明易懂。

- [ ] 小问题和疑惑也会耐心回答。

- [ ] 便于前往，或可以上门诊疗。

- [ ] 接受饲主提及主治医生以外的医生的意见。

- [ ] 与兽医性格相合。

1只猫咪一生花费130万日元

以防万一的"猫咪账户"

　　养猫必然要花钱。家猫的平均寿命为15岁，在日本包括体检和接种疫苗等医疗费用在内，家猫一生的花费可能会达到130万日元。特别是10岁以后疾病渐多，医疗费用增加，猫咪的整体花销也会上升。最好从养猫起就开始存钱，从幼猫阶段就给猫咪提供高质量的食物，还要保证体检和疫苗注射，这与疾病的预防和早期发现有密切关系。

为了猫咪的健康，要舍得花钱。从结果来看，
这样的花费可能会比治病的费用更少。

1

猫咪的饲养费用

可以根据各圆形图表中的多数派计算出饲养猫咪的大致费用。每年食物费 3 万日元，医疗费 3 万日元，其他 3 万日元，合计约 9 万日元。家猫的平均寿命为 15 岁，因此一生需要花费 135 万日元。如果算上初期费用，则需要更多。

食物费（每年）

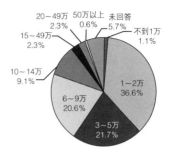

比例最高的是每年"1～2 万"，占 1/3 以上。与医疗费和其他费用相比，3～10 万这一区间的比重较高，可以看出饲主在猫咪饮食上更加用心。

医疗费（每年）

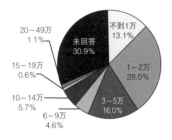

比例最高的是每年"1～2 万"，占 1/4 以上，其次是"3～5 万"。

其他费用（每年，除食物费、医疗费）

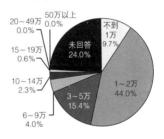

每年"1～2 万"占了饲主的一半，其次是"3～5 万"。

2

初期费用（最初需要准备的费用）

○餐具 1000～2000 日元	○猫包 3000～1 万日元
○磨爪用具 500～4000 日元	○项圈 500～3000 日元
○厕所 2000～4000 日元	○护理用品 4000～1 万日元
○猫床 1000～1 万日元	合计 1.2 万日元～4.3 万日元

圆形图表以东京都内犬猫饲养情况调查（2011 年）为基准

各品种猫咪的易患疾病

纯种猫存在易患疾病

　　虽然不像犬类那么多，但也有由"标准"①决定的纯种猫。为了得到"想要的猫"，人们花费漫长的时间，创造出了纯种猫。纯种猫与杂种猫不同，由于是同种猫咪交配生育的后代，因此无法避免遗传导致的疾病。在饲养前应该了解疾病种类。此外，不同的纯种猫会有不同的性格。

　　　纯种猫是人类创造出来的。在饲养之前应该
　　　调查了解相应品种的特点。

①猫咪俱乐部制定的品种特征。

纯种猫与疾病

这里介绍了最有人气的纯种猫容易患上的疾病。此外，据说挪威森林猫易患糖原病和心肌肥大，孟加拉豹猫易患末梢神经障碍，暹罗猫易患接合部水疱性皮肤病，英国短毛猫易患多发性肾囊肿。

		品种	性格倾向	易患疾病
大型（5千克以上）		缅因猫	亲人、稳重	心脏病（心肌肥大）
		布偶猫	沉稳、温顺	心脏病（心肌肥大）
中型（3~5千克）		苏格兰折耳猫	温和	软骨骨质异常、心脏病（心肌肥大）
		曼基康猫	活泼、阳光	漏斗胸、关节病、皮肤病
		美国短毛猫	沉稳、活泼	心脏病（心肌肥大）
		阿比西尼亚猫	活泼、调皮	血液病、肝脏病、由特应症或过敏引发的皮肤病、眼病、皮肤淀粉样变
		波斯猫	沉稳、悠闲	肾脏病、眼病、皮肤病
小型（2~3千克）		新加坡猫	温顺、亲人	丙酮酸激酶缺乏症

需要注意的疾病

不要忽视疾病的信号

　　猫咪最容易患肾脏病。肾脏病是肾脏功能恶化的疾病总称。肾脏病多种多样，为了不让病情恶化，早期发现必不可少。饮水过多且排尿过多、没有食欲、呕吐、消瘦等都是肾脏病的信号。一旦发现，就要前往动物医院就诊，请医院查明具体疾病，结合猫咪的身体状况采取服药、打点滴等治疗方式。

　　其他需要注意的疾病请参考下页表格，其中有的疾病可以通过疫苗注射来预防。

　　　　以猫咪患病率最高的肾脏病为代表，无论是
　　　　什么疾病，早发现和早治疗都是最重要的。

猫咪易患的疾病

疾病名称	概要/主要症状与预防	疾病名称	概要/主要症状与预防
猫免疫缺陷病毒感染（猫艾滋病）	猫咪在野外打架受伤导致感染，经无症状潜伏期后发作。一旦感染则无法治愈，但也有不发作的情况	支气管炎、肺炎	多在病毒导致猫感冒加重时出现，病情发展很快，一旦发现就要尽早治疗。
	主要症状为免疫功能低下、慢性口腔溃疡等。		主要症状为连续咳嗽、发热，以及肺炎导致的呼吸困难等。
猫白血病病毒感染	多为接触了携带病毒的猫咪唾液或怀孕期母子传染，潜伏期从几月到几年不等，一旦发作很难康复。	淋巴瘤	属于白细胞之一的淋巴细胞的癌症。
			癌症的位置不同会导致症状不同，但主要为食欲不振、体重下降。癌症很容易到晚期才发现，要特别注意。※ 导致淋巴瘤出现的原因之一是猫白血病病毒感染，可通过接种疫苗预防。
	主要症状有食欲不振、发热、腹泻、贫血、淋巴瘤等。		
猫病毒性鼻气管炎	通过与感染猫咪的直接接触或鼻水、唾液等感染。一旦感染，病毒就可能残留在体内，体质下降时便会发作。	乳腺肿瘤	乳腺肿瘤的易发群体为高龄母猫，约9成为恶性，容易转移到肺部和淋巴结处。
	主要症状为打喷嚏、流鼻涕、发热、结膜炎等。		主要症状为胸部或腹部出现硬块，若能尽早接受避孕手术，发病率就会降低。
猫泛白细胞减少症	通过与感染猫咪的接触传染，肠道发炎，白细胞急剧减少，致死率极高。	糖尿病	血糖值持续高位，与人类的糖尿病相比，很难引发重症。
	主要症状为发热、呕吐、便血。幼猫会不断剧烈呕吐、腹泻。		主要症状为多饮多尿、呕吐、拖着腿走路、正常进食却消瘦等。多见于肥胖的猫咪，要通过日常的体重控制来预防。
猫杯状病毒感染症	多为接触了携带病毒的猫咪，属于杯状病毒引起的猫感冒。	甲状腺机能亢进症	甲状腺激素分泌异常，新陈代谢加快，致使能量大幅度消耗，多见于8岁以上的高龄猫咪。
	主要症状为出现眼屎、流口水、流泪、打喷嚏，严重时可见口腔溃疡和舌头溃疡。幼猫和老猫要特别注意。		主要症状为食欲旺盛但体重下降，还会变得富有攻击性，要尽早发现。
猫披衣菌感染症	与感染披衣菌的猫咪接触后可能感染。	膀胱结石	膀胱内出现结石的病症。结石会刺激膀胱黏膜，引发膀胱炎。
	打喷嚏、咳嗽、出现眼屎等，症状与感冒很像，常引发结膜炎。初期采取应对措施可以很快治愈，一旦恶化可能危及生命。		主要症状为尿血、尿频等。让猫咪多喝水，换成应对尿路结石的猫粮，可以起到预防作用。
猫传染性腹膜炎（FIP）	属于细菌感染，会引发胸膜炎和腹膜炎，致死率较高。有些品种的猫还会出现眼部和肾脏的重度炎症。	猫巨结肠症	各方面原因导致肠道功能下降，粪便在结肠中堆积。结肠一旦胀大，就会失去将粪便挤压出去的力量，导致粪便进一步堆积。
	主要症状为腹腔或胸腔积水，食欲不振、发热、腹泻等。可以通过轻松舒适的生活进行预防。		主要症状为便秘，一旦成为慢性病，会出现食欲不振、呕吐等现象。需要通过消除便秘来预防。

猫咪的食物禁忌

猫粮已经足够

　　只要给猫咪喂食猫粮，基本不会有营养上的问题。就像第 26 页所述，主食一定要选择标记为"综合营养餐"的猫粮。

　　许多人类的食物一旦被猫咪吞下，就会引发中毒或带来疾病。看到猫咪走过来，正在用餐的人总会觉得"给一点应该没问题"，可一旦给了，猫咪就会每次都来乞求，可能不知不觉就吞下了不能吃的东西，因此不要将人类的食物分给猫咪。

　　有的人类食物被猫咪吃了之后需要经过一段时间才会引发病症，也有些食物很难判断是否与猫咪的疾病相关。

不行的东西就是不行。

猫咪的危险食物

！：危险度小　　**！！**：危险度中　　**！！！**：危险度大

	禁止投喂的食物	对猫的影响
蔬菜·水果	洋葱、大葱、大蒜、韭菜 **！！！**	烯丙基丙基二硫成分会破坏血液中的红细胞，不仅会在2～3天后引起贫血，还可能在7天后引发急性肾衰竭。即使加热也不能消除该成分。
	鳄梨 **！！**	人以外的动物一旦食用，其中的心血管毒素Persin会引发中毒，主要症状有痉挛、呼吸困难等。
海鲜	青背鱼类（青花鱼、竹荚鱼、沙丁鱼）、金枪鱼 **！**	含有大量不饱和脂肪酸，过量食用会导致黄疸脂肪症，主要症状有皮下脂肪或内脏脂肪出现炎症、硬化、发热、疼痛等。如果仅食用此类鱼，会导致维生素E不足，出现相关病症。以鱼为原料的猫粮都会添加维生素E。
	鲍鱼肝 **！**	食用后如果晒太阳，肝中的成分会引发"光线过敏症"，特别是3～5月捕获的鲍鱼，肝中含有极多此类成分，要特别注意。该敏症容易在毛发和皮肤较薄的耳部引起皮肤炎，一旦恶化还可能坏死。
	生鱿鱼内脏 **！**	名为硫胺酶的酵素会破坏维生素B，长期大量食用会导致维生素B不足，引起神经障碍，出现眩晕等症状。同时，鱿鱼也容易引发消化不良。
肉	生猪肉 **！**	生猪肉中可能潜伏着名为弓浆虫的寄生虫。猫感染后不会出现严重反应，但人类可能通过猫的粪便感染弓浆虫，孕妇一旦感染，会对胎儿造成不良影响，要特别注意。
	大量肝脏 **！！**	由于肝脏中富含维生素A，长时间大量食用会导致维生素A过剩，出现骨骼变形等症状。不仅肝脏，其他食物也要注意平衡，不能过度。
其他	香辛料 **！！**	辣椒、胡椒等香辛料对猫的刺激过强。人的饮食总会添加各种各样的调料，不要喂给猫吃。
	巧克力 **！！！**	可可中的可可碱会引起中毒，症状有腹泻、呕吐，严重时会出现异常兴奋、颤抖、发热、痉挛等，最坏可能导致死亡。可可含量越高，危险越大。
	咖啡、红茶、酒精类 **！！！**	咖啡和红茶里含有大量有兴奋作用的咖啡因，不能让猫饮用。酒精类饮品也绝对不行。猫无法很好地分解酒精，即使少量也可能引起酒精中毒。
	葡萄、葡萄干 **！！**	根据最近的研究，给犬类食用葡萄和葡萄干可能会导致肾脏病。不清楚这类食物会给猫带来什么影响，但最好不要喂食。

不同年龄阶段的饮食

给幼猫变换食物，避免偏食

处于不同生长期或年龄阶段的猫咪需要不同的营养元素和能量，特别需要注意幼猫和老猫的饮食。当幼猫断奶，开始进食幼猫猫粮时，可以尝试不同制造商的产品，有助于预防偏食。

老猫的疾病会随着年龄增长而增多，要根据体型和运动量喂食。面向中年期以上猫咪的猫粮自不必说，应对疾病的食疗类食物也很丰富，可以在兽医的指导下选择。

饮食对猫咪的健康长寿十分重要。不仅要注意食物种类，还要注意喂食方式。

小玉　小玉　小玉

猫

猫的年龄阶段		饮食注意事项
幼猫 (0～6个月)	哺乳期 (出生～第4周)	如果母猫在身边, 此时正是幼猫喝母乳的快速成长期。出生后立刻喝母猫的"初乳", 幼猫会获得预防感染的抵抗力和免疫力。当母猫不在, 或无法产奶时, 就要准备幼猫专用牛奶。人类饮用的牛奶会让幼猫吃坏肚子, 最好不要喂食。每4～6小时, 就要用幼猫专用的奶瓶或滴管给幼猫喂奶。没有喝到初乳的幼猫免疫力低下, 必须在早期就接种疫苗。
	离乳期 (第5周～2个月)	出生4周后, 乳牙萌发, 就要开始喂给幼猫高能量的辅食。这一阶段需要的卡路里是成猫的3～4倍。辅食一般是将干燥型幼猫猫粮用水或牛奶泡软, 或是糊状的专用辅食。辅食最初与牛奶一起喂, 逐渐增加辅食量。幼猫每次能吃的量很少, 每天要分4～5次喂食, 用1～2周完成离乳。
	成长期 (3～6个月)	这是幼猫明显的成长期, 也是为将来的身强体壮打下基础的关键时期, 此时的幼猫喜爱玩耍, 食欲也很旺盛。为了避免发育不良, 要准备容易消化的高蛋白、高能量幼猫猫粮, 从出生后两个月起每天喂食3～4次, 然后逐渐转变成每天喂食2～3次。只要健康活泼, 这一时期可让幼猫想吃多少就吃多少, 但是要仔细检查排便情况, 如果腹泻就要注意是否喂食过量。
青年期 (7个月～2岁)		将幼猫猫粮替换为成猫猫粮, 每天喂食"综合营养餐"类的猫粮2～3次。与成长期相比, 此时每天所需能量减少。如果运动量较大, 1千克体重对应65卡路里, 如果运动量较小则对应45卡路里。至于喂食的分量, 可以参考猫粮包装上的数字, 结合体重、运动量和食欲等进行调整。
成猫 - 壮年期 (3岁～10岁)		过了生长发育显著的幼猫期和青年期, 猫的成长开始放缓。在这一时期, 猫的1年相当于人类的4年, 肉体和精神都相当充实, 但有的猫也会有肥胖倾向。一旦出现肥胖, 就可能引发各种疾病。要注意卡路里过剩和偏食现象, 零食控制在每天食量的10%以内。
中年期 (11岁～14岁)		随着年龄增长, 开始出现衰老, 要替换成中年期专用的猫粮, 留心猫咪食欲和身体状态的变化。至于衰老的速度, 就像同龄人之间也会有不同一样, 猫也有个体差异。由于体力和免疫力逐步下降, 疾病会逐渐增加。饮水量突然增多或减少, 很有可能是疾病的征兆。食欲下降可能是患上了牙周病。
老年期 (15岁以上)		要观察猫的状态, 将食物处理成易于吞咽的性状。若能吃固体食物, 可以继续喂食干燥型猫粮。若食欲下降, 就要喂软的食物, 如把干燥型猫粮用水泡软, 或选择湿润型猫粮等。将少量鲣鱼花加热到人体温度, 拌入猫粮增加风味, 可以增强猫的食欲。由于患病可能性增大, 除了定期体检, 哪怕稍有异常也要尽快前往医院。

后 记

几年前，我曾在国外参加过一场学术会议，主题是"猫的行为学"。当时，我听到了这样的说法：

很多主人都为爱犬准备了食物和温暖的床铺，倾注了无与伦比的爱。因此，狗会认为主人"简直是神！"

那么猫呢？很多主人也为爱猫准备了食物和温暖的床铺，倾注了无与伦比的爱。因此，猫会认为自己"简直是神！"

这只不过是个笑话，但也是个充分表现出猫咪情感的有趣说法。在猫咪眼里，饲主也许就是顺从的仆人。

既然和这样的猫咪一起生活，那么不妨试着考虑考虑"怎样才能理解猫咪的心情？""要了解猫咪常见行为的含义。""怎样才能让爱猫健康地生活？""怎么才能更受猫咪喜爱？"这能让双方心情更好，生活得更健康。

　　过去就有很多人跟我说，"不知道猫咪在想什么"，"猫咪随性而为，简直让人捉摸不透"。但我想只要是和猫咪一起生活过的人，就知道这是一种误解。与犬类相比，猫咪的确更加沉稳，但它们总是会通过各种各样的方式来传达心情。为了不漏掉这些信息，掌握一些知识和要领是必需的。

　　如果本书能让您更了解猫咪的心情，能帮助您为猫咪创造美好生活，我将无比荣幸。

　　　　　　　　　　　　东京猫医疗中心　服部幸

图书在版编目(CIP)数据

如何让你的猫更幸福 / (日)服部幸著;史诗译
. —— 海口:南海出版公司,2017.10
ISBN 978-7-5442-5702-2

Ⅰ.①如… Ⅱ.①服… ②史… Ⅲ.①猫－驯养－图
集 Ⅳ.①S829.3-64

中国版本图书馆CIP数据核字(2017)第177000号

著作权合同登记号 图字:30-2017-111
NEKO NO KIMOCHI KAIBOU ZUKAN
©X-Knowledge Co., Ltd. 2015
Originally published in Japan in 2016 by X-Knowledge Co., Ltd.
Chinese (in simplified character only) translation rights arranged with
X-Knowledge Co., Ltd.
All rights reserved.

如何让你的猫更幸福
〔日〕服部幸 著
史诗 译

出   版 南海出版公司   (0898)66568511
          海口市海秀中路51号星华大厦五楼   邮编 570206
发   行 新经典发行有限公司
          电话(010)68423599   邮箱 editor@readinglife.com
经   销 新华书店

责任编辑 崔莲花
特邀编辑 余梦婷
装帧设计 朱 琳
内文制作 博远文化

印   刷 北京天宇万达印刷有限公司
开   本 880毫米×1270毫米 1/32
印   张 5
字   数 70千
版   次 2017年10月第1版
          2019年7月第2次印刷
书   号 ISBN 978-7-5442-5702-2
定   价 45.00元